一流本科专业建设教材
山东艺术学院校级优秀教材

首饰艺术

袁小伟 | 编著

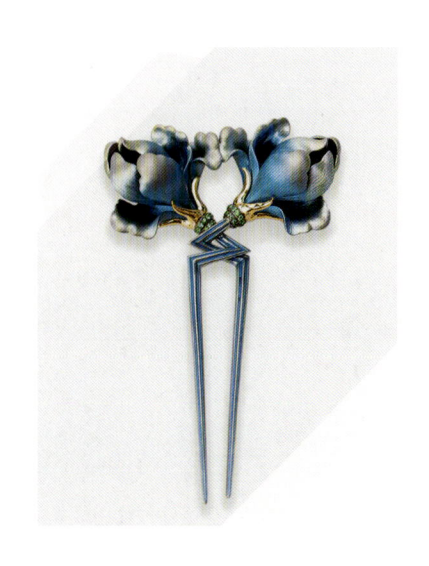

西南大学出版社
国家一级出版社 全国百佳图书出版单位

图书在版编目（CIP）数据

首饰艺术 / 袁小伟编著. -- 重庆：西南大学出版社，2024.3

ISBN 978-7-5697-2009-9

Ⅰ.①首… Ⅱ.①袁… Ⅲ.①首饰—艺术—教材 Ⅳ.①TS934.3

中国国家版本馆CIP数据核字（2023）第239496号

一流本科专业建设教材·工艺美术

首饰艺术
SHOUSHI YISHU

袁小伟 编著

总 策 划：	龚明星　王玉菊
执行策划：	戴永曦　鲁妍妍
责任编辑：	雷　兮
责任校对：	赖晓玥
排　　版：	吕书田
出版发行：	西南大学出版社（原西南师范大学出版社）
	地址：重庆市北碚区天生路2号
	邮编：400715
	电话：（023）68868624
印　　刷：	重庆新金雅迪艺术印刷有限公司
成品尺寸：	210 mm×285 mm
印　　张：	7.5
字　　数：	200千字
版　　次：	2024年3月 第1版
印　　次：	2024年3月 第1次印刷
书　　号：	ISBN 978-7-5697-2009-9
定　　价：	65.00元

本书如有印装质量问题，请与我社市场营销部联系更换。
市场营销部电话：（023）68868624　68253705

西南大学出版社美术分社欢迎赐稿。
美术分社电话：（023）68254657　68254107

目 录

001 绪论
　002　首饰是什么？

005 第一章　首饰的发展
　006　一、铄古铸今——中国首饰艺术的发展
　018　二、詹彼星辰——西方首饰艺术的发展

021 第二章　首饰艺术之美
　025　一、商业首饰
　027　二、高级珠宝首饰艺术
　030　三、当代首饰艺术

041 第三章　首饰工艺之美
　042　一、宝石镶嵌工艺
　048　二、捶揲工艺
　051　三、錾刻工艺
　053　四、花丝镶嵌工艺
　056　五、珐琅工艺
　059　六、点翠工艺
　061　七、钛金属首饰工艺
　064　八、雕蜡工艺

069　第四章　首饰的材质之美

072　一、钻石
075　二、红宝石、蓝宝石
079　三、祖母绿
084　四、猫眼
088　五、水晶
093　六、翡翠
096　七、软玉
100　八、绿松石
102　九、青金石
105　十、珍珠

109　第五章　专题讨论

110　一、首饰设计中形式与功能的关系
112　二、金属工艺的双重属性

INTRODUCTION

一

绪论

首饰是什么？

首饰自古以来就在人类的生活中扮演着重要的角色，它与人们的起居装扮、信仰祈祷、思想感情乃至国家的政治经济活动密不可分，并且它的艺术形式和表现内容随着时代的变迁也在不断地发生着变化。

在此，我们以首饰的3个定义来展示首饰艺术中的历史烙印和时光流转中人们对首饰艺术审美视角的转变。

首饰原指人们佩戴在头上的装饰物，我国旧时称为"头面"，多指梳、篦、笄、簪、钗、华胜、步摇、钿、冠等饰物。不同的头饰有不同的装饰功能，也有一些头饰因为时代变化带来了名称的变化。其中，冠因为集梳、篦、笄、簪、钗、华胜、步摇、钿等所有头饰的装饰美于一体，所以是古代头饰的集大成者。

明代孝端皇后的九龙九凤冠（图0.0.1）现藏于中国国家博物馆，是明代宫廷女性头饰的巅峰之作。这顶凤冠高48.5 cm，直径23.7 cm，重2320克，共镶嵌未经加工的天然红宝石100多颗，珍珠4000多颗，采用工艺有花丝、点翠等。凤冠前部饰有九条金龙，口衔珠滴，下有八只点翠金凤，后部还有一只金凤，共九龙九凤。金凤的凤首朝下，口衔珠滴。珠滴可以在佩戴者走动的时候随步摇晃。这顶凤冠造型庄重，制作精美，基本沿用了宋代皇后用金银镶嵌珠宝的凤冠形式。

现代首饰有两个概念，分别是广义的首饰概念和狭义的首饰概念。

广义的首饰是指将各种材料（金属材料、天然珠宝玉石材料、人工宝石材料，甚至包括塑料、木材、皮革等）用于个人装饰及其相关环境装饰的饰品。

狭义的首饰是指用典型首饰材料（贵金属材料、天然珠宝玉石材料）制作的工艺精良并以个人装饰为主要目的的、随身佩戴的饰品。

这两种现代首饰概念的区别在于：

图0.0.1 明代孝端皇后的九龙九凤冠

（一）首饰材料的界定不同

狭义的首饰是将首饰的用材界定在了贵金属材料，如黄金、铂金、白银，以及天然珠宝玉石材料，包括钻石、红蓝宝石、祖母绿、珍珠、翡翠、和田玉等；广义的首饰的用材范围则包括人造宝石、塑料、木头、皮革、陶瓷、羽毛、纸、植物果实等一切可以表达首饰艺术的材料，可以说所见即可用，只要你能将材料巧妙运用，那么任何材料都可以用来制作首饰。

（二）装饰范畴的界定不同

狭义的首饰的装饰范畴仅限于人体，可以是用来装饰耳朵的耳环、耳坠、耳钉、耳铛等，装饰颈部的项链、项圈，装饰手部的手镯、手链、戒指，也可以是用来装饰脚部的脚链、脚环，还可以是胸针、发簪、发钗、额饰等，总之只要是用于装饰人体的、适合佩戴的、兼具装饰性和实用性的首饰都属于狭义的首饰范畴；而广义的首饰的装饰范畴则不仅限于人体，还可以用来装饰环境，例如桌上的器物等。这其中包括玉雕、金属器皿以及用其他材料制作的装饰物。同时，对于人体的装饰性也包容和扩展了很多，一些实用性不强、不太适合日常佩戴、从结构上来说不太符合人体装饰语言的、纯艺术理念表达的装置或者微型雕塑作品也属于广义的首饰范畴。

首饰的3个定义恰恰反映了时代的变迁和人们审美的变化，早期的首饰形制规范、功能性强。古代的首饰制作工艺有哪些？一般用什么规格的宝石？用哪种装饰图案或形象？由什么级别的工匠来制作？这些都是由佩戴者的身份和地位决定的。

现代首饰逐渐分离出了珠宝首饰和当代首饰2个大类，珠宝首饰用材考究、制作精美，兼具装饰美和身份地位的象征功能。

印度珠宝设计师Neha Dani被称为雕蜡大师，她崇尚以自然元素为灵感，对白金进行彩色镀铑处理，搭配钻石和渐变色调的彩色宝石，赋予作品更具生命力的色彩。图0.0.2是Neha Dani设计的一款项饰，是一款典型的珠宝首饰。其设计灵感来自星云天体，分别以晶质欧泊、火欧泊为

图 0.0.2 Neha Dani 设计的项饰

主石。欧泊通透的质感可以让人联想到星云中弥漫的气体与尘埃，梦幻的变彩效应仿佛星云散发出的能量与光芒。珠宝主体则用钛金属打造曲线线条和弯曲连贯的弧线，生动展现了灵活且不规则的云雾状轮廓。

当代首饰兼容并蓄，材料、形式根据设计理念进行选择，更像是灵感与表达的奇思妙想，艺术性也更加强烈。《心经》（图0.0.3）是中央美术学院首饰专业的创建者滕菲教授在2017年创作的。滕菲教授认为，首饰一直以来就具有交流或传递信息的潜质，它们就像故事一样，是时间与文化的载体。作为艺术家，应该保持对首饰艺术的独立视角，发掘自己内心最真实的声音，不拘泥诉说的方式，拓宽传统珠宝审美视野，为受众呈现出别样的首饰艺术。在当代首饰艺术中，加诸首饰材质之上的，是设计师对岁月印记、过往经历乃至自己的独特感悟。首饰的作用不再只限于装点，而是设计师一种个性表达的延伸。

首饰可以是真金白银、珠宝玉翠，也可以是一种艺术表达。在这个快节奏的时代，人与人的交流变少了，但是传递个人学养、品位、喜好、性格的途径更多了，佩戴什么首饰，本身就是一个以小见大的行为。至于哪种首饰你更喜爱，那就只能是仁者见仁，智者见智了。

学习提示：

首饰的形态、材质和工艺千差万别，在接下来的章节中，你将会看到风格迥异的首饰，请你带着自己的思考去欣赏这些首饰，可以把你的疑问写在这本教材配套的在线课程"饰代风华——走进首饰艺术"（学堂在线、智慧树）上，我们的课程团队会定期解答。

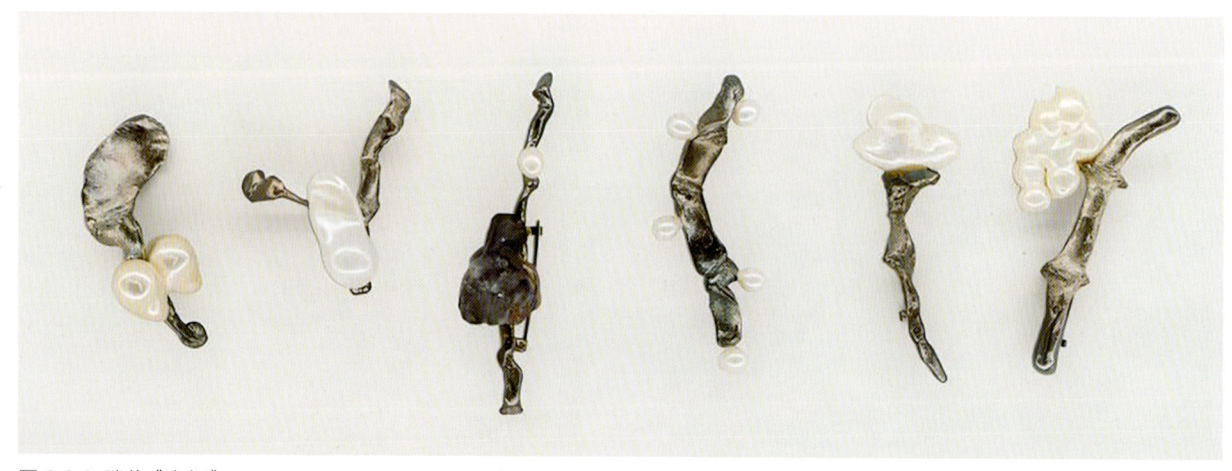

图 0.0.3 滕菲《心经》

CHAPTER 1

一

第一章

首饰的发展

劳动不仅创造了人类,还为人类提供了产生艺术的物质基础。追溯首饰艺术的起源、演变和发展过程,了解它的特点,对于我们今天研究首饰艺术及文化都是极为重要的。让我们一起沿着这条源远流长的历史长河,找到首饰艺术的整个生命和脉搏的韵律。

码0-1 首饰的发展

一、铄古铸今——中国首饰艺术的发展

我国最早的首饰是旧石器时代山顶洞人的首饰,考古学的进步使我们可以从山顶洞人的文化遗物中发现首饰艺术萌芽期的痕迹:磨光穿孔而成的石珠、兽齿、砾石、珠母贝、鱼脊椎骨。具有工艺性的首饰是伴随着石器工具的使用而逐渐产生的,玉器是原始人在长期的石器制作过程中对材料性能的掌握以及审美能力不断提高的背景下发展出来的产物,最初出现的玉斧、玉锛等都是从实用的劳动工具转变而来的,同时,人们也开始将玉石加工制作成装饰品。在红山文化遗址中发现的首饰,出现了玦、佩、璧、镯、发箍、串珠等,材料以玉为代表,造型特征以装饰性的动物造型和几何造型为主,为我国传统首饰的发展奠定了基础。

我国古代首饰形式的演变肇始于此,更有一些成为华夏民族亘古不变的喜好,如玉饰始终贯穿于历代首饰中,直到今天延绵不绝。

(一)回望千年:夏商周时期的首饰

金属材料的发现和利用促进了首饰工艺的创新与造型风格的变化。新石器后期,中国的先人们开始认识和使用黄金,甘肃玉门火烧沟文化遗址中发现的金耳环(图1.1.1)、金鼻环

码1-1 夏商周时期的首饰

等首饰,是我国迄今为止发现的年代最早的金首饰。到了商代,金器的制作已经有了比较高的水平,人们基本掌握了铸造、锤揲、贴金、包金等工艺。北京平谷刘家河商墓出土的金笄、金耳环、金臂钏(图1.1.2),是研究商代北方地区黄金制品工艺及形制发展的重要实证,墓中出土的金臂钏将一根金条弯成环形,两端锤扁呈扇面状,整体光素无纹饰,造型简洁明快,采用熔铸、锤揲、打磨等工艺制成。

在我国,银饰的出现要比金饰晚一些,这是由于金大多是以游离状态存在于大自然中,但是银多以化合物的状态存在于较深的矿脉中,较难炼取,所以银的发现和制用比金和铜都要晚。青铜时代高度发达的金属冶炼、铸造、装饰工艺为这一时期首饰的快速发展提供了技术支撑。据考证,这一时期的铸造、锤揲、镶嵌、错金银等复杂金工技术已经在首饰制作中得到应用。由青铜器的模范铸造法演变而来的失蜡浇铸法至今都是首饰的工业化生产中常用的铸造方式。

知识拓展:

中国玉器的萌芽始于新石器时代早期,今天的辽宁西部和内蒙古东部很可能就是中国古代玉器最

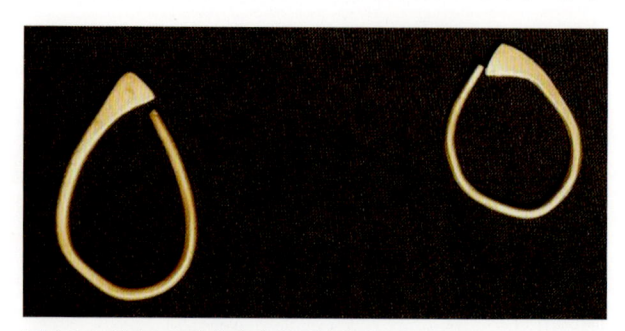

图1.1.1 甘肃玉门火烧沟文化遗址中出土的金耳环

图1.1.2 北京平谷刘家河商墓出土的金臂钏

早的发源地,它的发展进程呈现多元化的特点。玉文化的分布区域主要有三大板块:一是以红山文化玉器为代表的东北、华北地区的夷玉板块,二是以良渚文化玉器为代表的长江以南中部地区的越玉板块,三是以齐家文化玉器为代表的西北地区的羌玉板块。玉文化这三大板块并不是孤立存在的,而是在共同发展中相互碰撞、相互影响并交汇融合的,最终共同造就了我国古代玉器发展的第一个高峰。

(二)先声夺人:春秋战国时期的首饰艺术

春秋战国时期,玉器玉雕艺术获得了极大进步。这一时期的文人君子把玉当作自己的化身。他们佩挂玉饰,以标榜自己是有"德"的仁人君子。"君子无故,玉不去身。"每一位士大夫,从头到脚,都佩戴了一系列的玉佩饰,尤其腰上的玉佩系列更加讲究。纹饰出现了隐起的谷纹,辅以镂空技法,地子上施以单阴线勾连纹或双阴线勾叶纹,显得饱满而又和谐。图1.1.3这件玉佩饰是湖北曾侯乙墓出土的国宝级文物十六节龙凤玉挂饰,全器采用分雕连接法,用5块玉料分割对剖,之间再以玉环相连,制成可以活动折卷的16节。另增加3个可拆装的榫卯合成的活环和一个玉销钉,设计之巧,工艺之精湛乃世所罕见,代表了当时玉器雕琢工艺的最高成就。

春秋战国时期,和田玉大量输入中原,王室诸侯竞相选用和田玉。此时儒生们把礼学与和田玉结合起来研究,用和田玉来体现礼学思想。以儒家的仁、智、义、礼、乐、忠、信、天、地、德等传统观念,比附和田玉物理化学性能上的各种特点,随之"君子比德于玉",玉有"五德""九德""十一德"等学说应运而生,这是中国玉雕艺术经久不衰的理论依据,是中国人几千年爱玉风尚的精神支柱。这一时期的玉饰,数量众多、玉质上乘,线条运用更加娴熟,纹饰的艺术水平大幅提高,刀工秀逸遒劲、风格清新洒脱,短短500年间,给后世留下了无数玉质首饰珍品。

码1-2 春秋战国时期的首饰艺术

图1.1.3 十六节龙凤玉挂饰

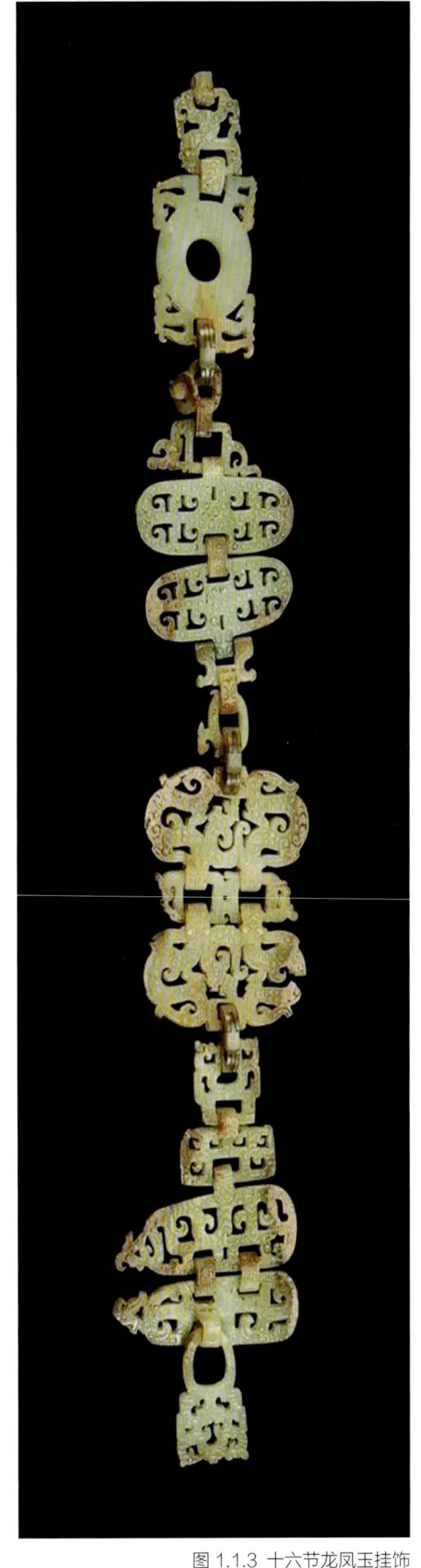

春秋战国时期的金属加工者已经掌握了焊接、榫卯、刻画、镶嵌、鎏金、镂空、失蜡浇铸、错金银等工艺。首饰中的金属工艺不仅在中原地区蓬勃发展，在北方的匈奴地区，金属工艺也很发达。这一时期黄金制品还出现了具有划时代意义的黄金器皿和银器皿。金银容器的出现，是战国时期金银器发展的重要标志。

图 1.1.4 这组器物是曾侯乙云纹金盏，现存于湖北省博物馆，出土自湖北曾侯乙墓。该组器物为食具，是已出土先秦金器中最重的一件。从金银器的艺术特色和制作工艺看，南北方差异较大、风格迥异，呈现出百花齐放的繁荣态势，实现了中国古代金银器制作的第一个飞跃性发展。

春秋时期出现的错金银技艺，使我国青铜器艺术开启了更为精美华丽的历史篇章，这种工艺也逐渐被运用到首饰中，主要是在带钩上大量运用，成为这一时期金银器工艺水平高度发展的标志。

图 1.1.4 曾侯乙云纹金盏

（三）金玉逢缘：秦汉时期的首饰艺术

秦汉时期的首饰艺术上承春秋战国时期，下启魏晋南北朝时期，是我国古代艺术史上极为重要的时期。它在纵向上对先秦艺术进行了成功的汲取和精炼，在横向上对四邻艺术进行了合理的吸收与融汇，从而形成壮阔豪放、自由率真的艺术特色。

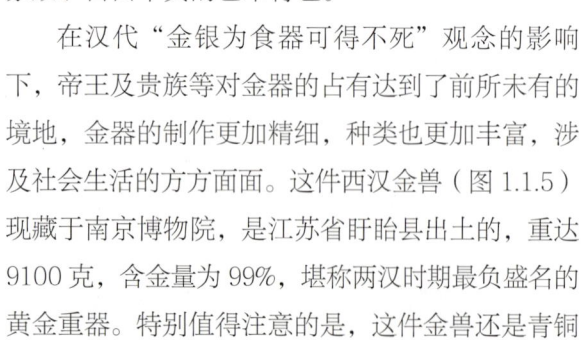

码 1-3 秦汉时期的首饰艺术

在汉代"金银为食器可得不死"观念的影响下，帝王及贵族等对金器的占有达到了前所未有的境地，金器的制作更加精细，种类也更加丰富，涉及社会生活的方方面面。这件西汉金兽（图 1.1.5）现藏于南京博物院，是江苏省盱眙县出土的，重达9100克，含金量为99%，堪称两汉时期最负盛名的黄金重器。特别值得注意的是，这件金兽还是青铜铸造工艺与金器锤击工艺相结合的产物，弥足珍贵。

图 1.1.5 西汉金兽

汉代墓葬中出土的金银器，无论是数量，还是品种，抑或制作工艺，都远远超过了先秦时期。总体上说，金银器中最为常见的仍是饰品，金银

图 1.1.6 西汉鎏金银蟠龙纹铜壶

图 1.1.7 刘胜墓玉簪

器皿不多，金质容器更少见，可能是这个时期鎏金技法盛行，遂以鎏金器充代之故。图 1.1.6 是现藏于河北博物院的西汉鎏金银蟠龙纹铜壶，该壶巧妙地利用了金银的色差，将构图的复杂和色调的平衡结合得异常完美，展现了西汉登峰造极的金属装饰工艺水平。

汉代玉器继承战国玉雕的精华并奠定了中国玉文化的基本格局。汉代玉器可分为礼玉、葬玉、饰玉、陈设玉四大类，凝聚着汉代浑厚豪放的艺术风格。其中汉代玉簪的首部多镂雕蟠螭纹、凤鸟纹、卷云纹，簪体表面以"游丝毛雕"琢出稀疏但流畅的卷云纹。河北满城中山靖王刘胜墓出土的这件玉簪（图 1.1.7），堪称汉代玉簪的典型。

偏居岭南的汉代南越王墓近年来出土了大批装饰玉，以龙虎形玉带钩、镂空龙凤纹玉套环最为精美，堪称稀世珍宝。龙虎形玉带钩（图 1.1.8）现收藏于南越王博物院，由一整块青玉雕成，钩首是虎头，钩尾为龙头，龙虎双体并列，形成一幅龙虎争环的图景。镂空龙凤纹玉套环（图 1.1.9）是西汉"龙凤呈祥"题材玉器中的精品，现藏于南越王博物院。其为内外两圆环相套造型，采用上等青玉镂空透雕法精雕而成。内外环既相互独立又浑然一体，反映了西汉精湛的治玉工艺以及西汉玉器的特点。

思考题：

汉代玉雕被称作中华玉雕的开山鼻祖，分为四大类，请大家查阅汉代玉雕较有代表性的西汉南越王墓和陕西咸阳渭陵出土的玉器，思考汉代饰玉和陈设玉的特点，分析汉代玉器出现了哪些前代没有的器形和题材。

（四）丽象开图：魏晋南北朝时期的首饰

魏晋南北朝时期首饰的形制发生改变，一部分早期的首饰样式与新的

码 1-4 魏晋南北朝时期的首饰

图 1.1.8 龙虎形玉带钩   图 1.1.9 镂空龙凤纹玉套环

图 1.1.10 北魏嵌宝石人面龙纹金耳饰

图 1.1.11 蝉纹金珰

文化融合，进而发生了演化。如高大发髻的流行使得早期的首饰类型中的头饰笄逐步演化为新的簪、钗；游牧民族的步摇冠和发钗融合演化为步摇簪、钗。还有一些早期的首饰逐步被外来的首饰所取代而消失，如耳珰和玦被耳环和耳坠代替。首饰的材料和工艺也发生了质的改变，由以玉石为主逐渐转变为以金银为主。金属锻造工艺、錾刻镂空工艺、金珠粒工艺、镶嵌绿松石工艺等逐渐成为首饰的主要制作工艺。

北魏时期，首饰可细分为冠帽饰、头饰、耳饰、项饰、手饰、腕饰、带饰、缀饰等，以带饰和耳饰为主。冠帽饰为大贵族特权的代表与荣耀，出现了具有波斯风格的装饰艺术。它们采用模铸、焊接、金珠细工、镶嵌、锤錾、冲凿等工艺制作，尤其是金珠细工和镶嵌的结合，成为这一时期金银器工艺的一个显著特征。

繁盛的北魏时期，金银饰的制作工艺、审美，无不显示着多民族融合的烙印。山西省大同市博物馆珍藏的这件镶嵌宝石耳饰（图 1.1.10），由环身、侧饰、坠饰、链饰 4 个部分组成，整体錾刻"一人擒二龙"图案，精美绝伦。这种"一人二兽"题材最早见于前 3400 年古埃及的壁画中，在两河流域的建筑浮雕上也有此类题材的图案，在北魏时期的墓葬中出土的金属牌饰上，类似这种题材的首饰也很多。

蝉纹金珰（图 1.1.11）现藏于南京市博物馆，南京仙鹤观 6 号墓出土。蝉纹金珰冠饰长 5.5 cm、宽 5.5 cm，在镂空的线条上焊有细小的金粟粒，蝉眼内的镶饰已脱落。蝉素来代表着低调、高隐，金珰是冠帽上的装饰物，取蝉"居高饮洁"之意。自汉至晋，蝉纹金珰常与貂尾匹配，合称"貂蝉"，为侍中、常侍的标志性冠饰。此外，皇后、宫廷女官及朝廷命妇亦可使用。据传，我国古代四大美女之一的任红昌的别名为"貂蝉"，其意正是取自高官冠冕上的貂尾与蝉羽，该词多为借指达官贵人。但"貂蝉"在史书上并无其人，她只是《三国演义》中的虚拟人物，不过貂蝉的得名，却缘于一种古代的冠饰。《晋书》中对此有详细记载："侍中常侍则加金珰，附蝉为饰，插以貂毛，黄金为竿。侍中插左，常侍插右。"

魏晋南北朝时期，金步摇在北方少数民族地区较为流行，是当时鲜卑族妇女所佩戴的一种发饰，当走路头部摇动时，步摇上的金叶也随之晃动，其历史可以追溯到汉代。金质牛头鹿角形步摇冠在当时不仅是一种时尚，也是一种身份地位的象征。

思考题：

1. "貂蝉"是一种什么样的饰物？有何寓意？
2. 请查阅资料，尝试阐述"狗尾续貂"和"貂蝉"这种饰物的寓意演化关系。

（五）韶华绝代：隋唐时期的首饰

隋代由于国祚较短，金玉工艺仅见数例。现存于中国国家博物馆的隋嵌珍珠宝石金项链（图1.1.12），出土于陕西省西安市李静训墓。这条奢华的项链具有浓郁的异域风格，据考证并非当时的中国工匠制作而成，同时出土的还有一对嵌宝石金手镯和一个金杯，这批精美饰物出自一个年仅9岁的小女孩之墓。

码1-5 隋唐时期的首饰

唐代是中国金玉文化的重要转型期，其繁荣得益于开放的政治环境和丝绸之路的畅通，随着唐代中外文化交流的大规模展开，西亚、中亚等地的商人、工匠纷纷来到大唐，他们带来了包括金银器制造在内的不少工艺技术。考古出土的唐代金银器绝大部分都是捶揲成型，足见其影响之大，唐代鸳鸯莲瓣纹金碗（图1.1.13）便是其中的代表之作。现藏于陕西历史博物馆的鸳鸯莲瓣纹金碗

图1.1.12 隋代嵌珍珠宝石金项链

图1.1.13 唐代鸳鸯莲瓣纹金碗

首饰艺术

图 1.1.14 唐代镶金兽首玛瑙杯

被誉为"大唐第一金碗",这对国宝级的文物是唐代金银器最高技艺的代表作。这两只碗的内壁还分别墨书"九两半""九两三",表明了碗的重量。墨书的存在说明这些贵重的金银器在封存之后再也没有被动过,直至重见天日。金银器称重入藏是为了防止以小换大、以轻换重,反映了唐代严格的金银器管理制度。这对金碗宛如一幅栩栩如生的画卷,中西方文化技艺的交流融合跃然其上。

这件镶金兽首玛瑙杯(图 1.1.14)是陕西历史博物馆的镇馆之宝,该杯用一块罕见的五彩缠丝玛瑙雕刻而成,杯体模仿兽角的形状,杯形带西域风格,可能是中亚或西亚进献的礼品,是唐代贵族崇尚胡风、模仿新奇的宴饮方式的见证,是至今所见唐代唯一的一件俏色玉雕,也是现存唐代玉器中做工最精湛的一件。

知识拓展与思考:

为什么说我国古代金银器生产与制作的昌盛都属于唐代呢?

据统计,现在已经发现挖掘出来的金银器数,唐朝生产的数量超过了 1000 件。这是个什么概念呢?这个数字是前面所有朝代发掘到的金银器数量总和的几倍,让人为之震惊。另外,根据史料记载:"自淮南入觐,进大小银碗三千四百枚。"这句话描述的是唐代淮南节度使王播一次就向敬宗皇帝进奉大小银碗 3400 枚,可见当时金银器生产数量之多。

唐代金银器的种类繁多且形态多样,器类包括茶具、酒具、医疗用具、化妆用具、佛事用具及其他生活日用品等。唐代金银器造型圆浑饱满,给人以一种积极乐观、向上的情绪,不仅如此,唐代金银器的设计中通常有着动与静、疏与密的结合,技巧手段十分丰富。造型丰富的金银器种类超过其他所有质料器物,展现了唐朝人的生活习惯和审美情趣。

（六）汴京梦华：世俗化、平民化的宋代的首饰

宋代皇家用玉不减唐代，《西湖老人繁胜录》记载当时临安已开设"七宝社"，出售玉带、玉碗、玉花瓶、玉束带、玉劝盘、玉紾芝、玉绦环等。玉器的使用范围和功能较之前代已有很大扩展，进入了世俗化、商品化的阶段。宋代出土古玉增多，滋长了仿制古玉之风，周朝、汉代的古玉器大量出土，朝廷及士大夫热衷于收集、整理研究，金石学的形成掀起了一股集古玉的热潮。南宋凤鸟螭纹玉璧（图1.1.15）和安徽南宋朱晞颜墓出土的兽面纹玉卣（图1.1.16）都是宋代的仿古玉的代表。

码1-6 世俗化、平民化的宋代的首饰

宋代金银器追求瓷器、漆器工艺效果而采用了匀称、平板的风格。由于宋代从皇帝重臣到地方士绅形成了一个远比唐代大得多的文化阶层，金银器的使用范围也日益扩大，商品化的程度日益加深。据记载，北宋都城汴梁（今河南省开封市）已有金银铺，金银器的设计制作适应城市平民生活的需要，充满了浓郁的生活气息。

图1.1.17和图1.1.18是霞帔坠饰。霞帔作为我国古代妇女的帔服，出现在南北朝时期，隋唐时盛行，宋代将霞帔列入礼服，属命妇之特赐，因其美如彩霞，故名霞帔。为了使霞帔平整地下垂，遂于其底部系以帔坠。虽然北宋已有帔坠实例，但至南宋才比较常见。

图 1.1.15 南宋凤鸟螭纹玉璧

图 1.1.16 兽面纹玉卣

图 1.1.17 凤凰牡丹纹金霞帔坠子

图 1.1.18 南宋卷草纹金帔坠

首饰艺术

图 1.1.19 北宋金扣玛瑙碗

宋代因盛行理学，人们的审美观念也有了很大的变化，追求质朴无华、平淡自然的情趣韵味，反对矫揉造作的华贵风尚。这在金银器制作上表现为追求造型的美，以造型素雅大方取胜，器物胎体轻薄、精巧，构思巧妙，纹饰追求多样化，布局突破了唐代流行的团花格式，多因器施画，以取得造型艺术美与装饰艺术美的和谐统一。

宋代金镶玉工艺制品虽然所见不多，却有一些精美的传世之作。这件安徽博物院八大镇馆之宝之一的北宋金扣玛瑙碗（图 1.1.19），碗壁最薄处只有 0.2 cm，于半透明中呈现出玛瑙的自然纹理与柔和妩媚的光泽。玛瑙因性脆，韧性差，不易制作成可供盛置的器物，所以工艺技术要求比较高。这件玛瑙碗器形较大，口沿处镶嵌的薄片金条饰整齐，接口牢固，应是具有较高技艺的工匠和严格管理的专门作坊加工而成的。

（七）海宇会同：多元化发展的元代首饰

元代北方的大都（今北京）与南方的杭州成为南北玉器生产制作中心，有从事玉雕制作的能工巧匠数千人。官办玉器生产中心管理严格，专门向皇室提供宫廷用玉，主要制作能体现元代玉雕成就的大型精品、珍品玉器，其装饰图案、雕琢方式、制作工艺都相当精湛。

元代玉器上有多层镂雕、圆雕、高浮雕、浅浮雕等，均与阴线刻相结合。多层镂雕技法在元代可谓发挥到了极致，除了在平面上雕出双层图案外，还能在玉料上多层雕琢，起花可有五六层，层次分明、错落有致，具有强烈的透视效果。

元代白玉镂雕双虎环佩（图 1.1.20），现藏于

码 1-7 多元化发展的元代首饰

图 1.1.20 元代白玉镂雕双虎环佩

故宫博物院。这件玉佩白玉带皮色，镂雕子母虎，旁附山石、柞树，下承圆环，可系绦带。辽金时期，契丹、女真贵族有四时捺钵的传统，春水、秋山是其中最具特色的活动。所谓春水，即于开春冰雪初霁之时，到河中凿冰捕鱼，纵海冬青擒捕天鹅；所谓秋山，即于深秋时节入山猎鹿、捕虎。就玉雕作品而言，春水玉常以海冬青、天鹅为主角；秋山玉则通常表现柞林、山石间的动物，并巧妙地利用玉皮的颜色渲染秋天的景致。此双虎环佩就是一件秋山玉，虽为元代之作，其题材、俏色工艺却与辽金时期的同类玉雕作品一脉相承。与此作品类似的还有这件白玉镂雕松鹿纹带饰（图1.1.21）。

元代金银器制造业更为商品化、世俗化。在当时，尽管朝廷对金器如同玉器一样控制极严，只有五品以上官员才能使用金玉茶酒器，但金银器已经不再是皇室宫廷、王公大臣的私有品，富商巨贾、富裕的平民家庭都非常流行使用金银器。元代金银首饰除了传统的南宋汉人所使用的首饰、器物外，还出现了一些草原文化所特有的饰物、器皿。从纹饰方面看，元代喜用吉祥纹饰，有些戏曲题材的纹饰也逐渐加入进来，这与元代戏曲文化的空前繁荣有一定的关系。

元代是一个制金大家频出的年代，涌现出一批有名有姓的制金名人，在苏州虎丘山北元吕师孟墓出土的缠枝花卉云纹金盏（图1.1.22）的边缘就印有"闻宣造"三字款。闻宣为元代著名的金匠，史载其"善制雕花金银盘盒等"，墓中最精美的几件金器均为他所作。这些留有名匠姓名的文献与艺术品结束了自金器产生以来有名器而无名匠的历史，也为后世金器史的研究提供了极为宝贵的资料。

（八）大明风华：明代首饰的奢华之色

头面是明代权贵人家妇女的常用首饰，古代妇女一般用笄、簪、钗等将盘起的发髻固定在头上。明代流行用头发、帛纱甚至金银丝等织成一个罩子包裹住真发髻，称之为"鬏髻"。人们在鬏髻周围插上各式簪钗，由此

码1-8 明代首饰的奢华之色

图1.1.21 元代白玉镂雕松鹿纹带饰

图1.1.22 元代缠枝花卉云纹金盏

首饰艺术

图 1.1.23 明代嵌宝石金头面

组成一套完整的头饰组合，称之为"头面"。一套完整的头面包括挑心、分心、掩鬓、顶簪等。图 1.1.23 这套嵌宝石金头面就包括 5 种造型，共 6 件头饰。

明代是我国金银工艺史上的一个高峰，创作出了许多精品佳作，极显明人雍容华贵之态。代表明代金银细丝工艺最高成就的是万历皇帝的金丝翼善冠（图 1.1.24），这顶皇帝金冠上的龙首、龙身、龙爪、背鳍等部位均是单独制成后，然后对整体图案进行焊接组装完成。冠上仅龙鳞就用了 8400 片，工匠在焊接时不仅要花费很大的气力，而且要以积累多年的经验掌握适当的火候，才能完成这样高难度的工艺制品。因此，说金冠之珍贵除质地全为金丝外，更在于整体的拔丝、编织、焊接等方面的高超技艺。

帝后用玉往往与錾金工艺或珠宝镶嵌工艺结合在一起，这是明晚期皇室用玉的一大特点。定陵地宫出土的玉器材料优质，以和田白玉居多，皆呈现出较强的玻璃光泽，抛光水平超过唐宋元

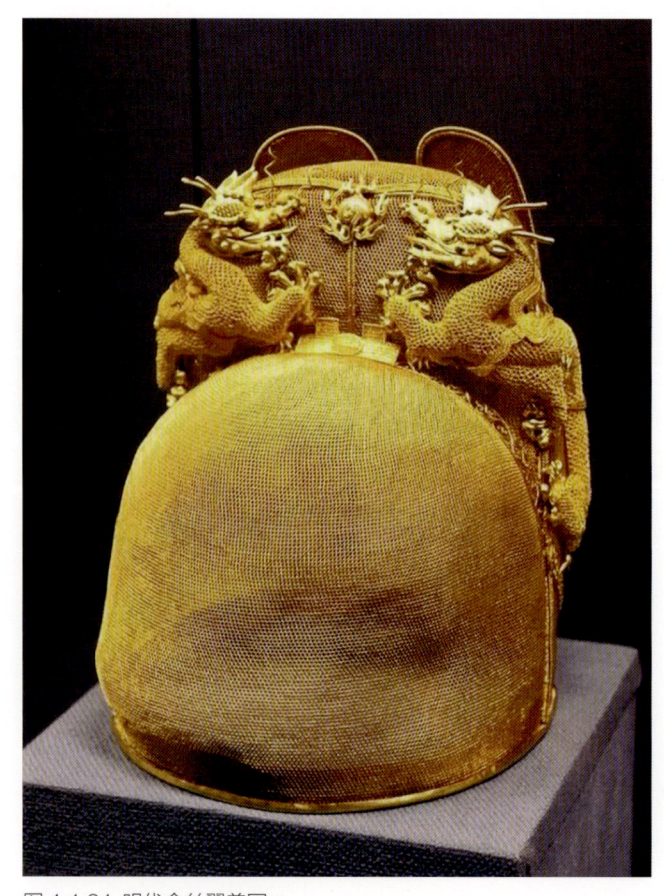

图 1.1.24 明代金丝翼善冠

图 1.1.25 明代金盖和金托玉碗

图 1.1.26 明代金托玉爵

时期，接近战国、秦汉时期玉器抛光水平，同时，这些明代宫廷玉器的制作常与錾金、珠宝镶嵌、烧蓝等工艺结合，极尽奢华之气。定陵出土的金盖金托玉碗（图1.1.25）材质名贵，造型别致，玉作工艺、金属工艺均可谓巧夺天工。金盖及托盘纹饰满密，玉碗光素无纹、金白相间、虚实相生，宫廷气息浓郁。金托玉爵（图1.1.26）由金托、玉爵2个部分组成，玉爵采用新疆和田白玉制成，形状与商周时期的青铜爵相似，镶嵌有多种珠宝。定陵出土的玉器为宫廷御用品，是集一国一朝的能工巧匠制造的，代表明代晚期玉器制作的最高成就，是研究古代玉器的极有价值的实物。

珠宝五凤钿（图1.1.27），网状纹饰表层全部点翠，前部缀5只金累丝凤，上嵌珍珠、宝石，钿后部亦有几串流苏垂饰。扁方为清代后妃喜爱的头饰，满族妇女有一种特殊的发式名曰"两把头"，扁方即用来贯连固定这种发式的饰物，清宫所藏的扁方种类和数量都很多。

（九）清宫遗珍：清代首饰

清代是我国封建社会高度发展的最后阶段，首饰的制作工艺集历代之大成，种类之繁多、纹样之精美、造型之独特为历代之最。清代宫廷后妃首饰在继承了历代首饰工艺的同时，又根据本民族的特点，创制出独具特色、精美绝伦的首饰。

钿子为满族妇女特有的一种头饰，用铁丝和丝绒编成，使用时覆罩在发髻上。这件清点翠嵌

码1-9 清代首饰

图 1.1.27 清点翠嵌珠宝五凤钿

017

在首饰工艺上，清代的制作水平远远超过前代，技法得到了飞跃式发展。作为皇室御用之物，清代细金工艺集中国几千年来金银制作工艺之大成，创造出在金银器上点烧透明珐琅或以金掐丝填烧珐琅、金胎画珐琅的新工艺，特别是花丝镶嵌工艺，更是精湛绝伦。乾隆时期官廷对文化艺术的追求开始达到高峰，尤其是对玉器的制作和收藏，乾隆皇帝展现出了无与伦比的狂热，因此被世人誉为"玉痴皇帝"。由于乾隆对玉的热爱，乾隆年间玉器生产空前蓬勃，甚至催生了中国玉器史上大名鼎鼎的工艺标准——乾隆工，因此乾隆年间成为中国玉器发展史上的第三个巅峰时期。

随着慈禧太后当政，翡翠制品开始风靡皇宫，当时皇帝、皇后以及后宫妃子的碗筷、盆盂、首饰等日用品很多都是翡翠制品，后妃们的头面、坠、戒、镯等饰物许多都是用上品翡翠制作的。清宫翡翠器物中最有名的就是翠玉白菜（图1.1.28），这件与真实白菜相似度几乎为百分之百的作品，是由翠玉琢碾而成，亲切的题材、洁白的菜身与翠绿的叶子，都让人感觉十分熟悉和亲近。

从风格上看，清代首饰既继承了传统风格，也被其他艺术及外来文化所影响。清代的首饰风格，历来有两种不同的评价，有人认为它丰富多彩，做工纤巧，达到了封建时期的高峰；有人认为它烦琐堆砌，流于庸俗和匠气。不管何种评价，从整体上看，清代的首饰风格精巧、繁缛，尤其是宫廷首饰工艺，作法细巧严谨，极尽奢华，不惜工本。

二、詹彼星辰——西方首饰艺术的发展

如果说远古时代的首饰只是为了满足祖先们自我美化的愿望，那么欧洲中世纪的珠宝首饰意味着世间的权力。中世纪的首饰是精神的升华，文艺复兴时期的首饰则意味着财富，18、19世纪的首饰是富裕和优雅的体现。20世纪以来的巨大的社会变革，也为首饰艺术带来了革命，它不再是少数人的权力和财富的象征，已经成为大多数人，尤其是妇女显示个性、美化自身的附加物。

（一）中世纪的首饰

欧洲的中世纪又被称为黑暗时代，因为在这约1000年的时间，欧洲封建社会的一个重要的特点就是政教合一的教权统治，宗教文化极大地制约了人们的思想和审美。皇冠开始变成镶满金银珠宝的半球形，或者在皇冠上装饰十字架，以示皇权由神赐予。

码 1-10 中世纪的首饰

中世纪的首饰体现出一种地位等级，在不同的阶层当中，首饰的质地和样式都有区别。中世纪早期的首饰都被看作护身符，认为会给佩戴者带来神秘的力量；到了后期，人们又重新开始追求美的风尚，宝石不仅应用于各种首饰

图 1.1.28 清代翠玉白菜

的制作中，还大量出现在服装及腰带的制作中。这时首饰就已逐渐失去了它的宗教和神奇的护身符意义，成了单纯的装饰品。在首饰的制作工艺上，有透雕细工、金丝细缕、珐琅彩饰等，而宝石琢磨这一最重大技术的发明使首饰进入了实质性的发展阶段。

（二）文艺复兴时期的首饰

经过文艺复兴运动后，人逐渐代替了神在人们生活中崇高无上的地位，以人为中心的事件成为文艺复兴美术创作的主题。文艺复兴时期的艺术风格也影响和渗入珠宝首饰中，人物塑像的图案出现在珠宝首饰上。文艺复兴时期珠宝首饰最精美的典范要数维多利亚和阿伯特博物馆的"Canning Jewel"，这是一件16世纪后期诞生于意大利的项坠。"Canning Jewel"全长不足7 cm，主题图案是一条人鱼，它是那个时代同类作品中的传世之作。

码 1-11 文艺复兴时期的首饰

欧洲各国的宫廷首饰追求豪华，会在服装上点缀金制玫瑰花数十朵，以红蓝宝石和珍珠镶嵌于花朵之间，衣领上也镶有色彩斑斓的宝石，贵妇几乎将自己淹没在金银珠宝当中，这就是文艺复兴时期的礼服珠宝。

浮雕像的雕刻是这个时期的最大特色，宝石镶嵌工艺、宝石台式切割工艺、珐琅技术及透雕细工等高超技术都在这个时期的首饰中得到充分体现。文艺复兴时期的珠宝首饰除了具有浓郁的宗教及社会意义外，同时又是服装必不可少的组成部分，是荣誉和特权的象征，珠宝首饰在公众生活中扮演着重要的角色。

（三）17世纪的首饰

17世纪上半叶的战争和瘟疫带给欧洲恐怖和死亡，因此产生了以死亡为主题、以黑色为主色的哀悼首饰。这类首饰使用的材料多了煤玉这种新材料。煤玉也称黑色大理石，质地比较软，适合雕刻，抛光后的煤玉具有极佳的黑色光泽，所以它在哀悼首饰中的地位不曾动摇过。

17世纪首饰制作的最大发展是玫瑰型宝石切割方式的出现，玫瑰琢型在16世纪初出现，最初只有三个面，后来增加到了六面、十二面、十八面，最终发展为二十四面全玫瑰切工。镶嵌宝石的爪形底座开始普遍运用到首饰镶嵌工艺中，这是首饰走向轻便小巧的关键一步。

（四）18~19世纪的首饰

19世纪前期的首饰深受当时各种美术流派的影响，产生了烦琐华丽的洛可可风格。洛可式首饰采用不对称图案和鲜艳的颜色，广泛采用了彩色宝石和珐琅彩釉，尽显首饰的富贵华丽。首饰种类主要有项链、短链、扣形装饰品、戒指等，人造宝石的大量生产也使这一时期的首饰得到重要的发展。在这一时期的首饰中有一种既适用于男人也适用于女人的款式，这就是短链。一般用短链连接一块或数块经过装饰的饰板，然后夹在皮带上，下面悬吊一块挂表。挂表、饰板和短链的设计通常是配套的。这一类的饰板通常是用铸造工艺打造出来的，由此初显大规模生产的端倪。短链为首饰的实用功能与装饰功能相结合提供了更多机会，也为我们展示了一幅18世纪装饰风格变化的完整图画。

码 1-13 18~19世纪的首饰

在17世纪中期已经有了制造人造宝石的行业。到了18世纪，人造宝石有了合法的交易市场，成了一种新的材料艺术形式。人造宝石是珠宝首饰历史上最重大的革新，随之而来的是冶金术的发展。现在国际上的许多著名品牌都是这一时期成立的，如 Tiffany、Bvlgari、Cartie 等。

码 1-12 17世纪的首饰

（五）新艺术时期的首饰

新艺术运动是19世纪80年代初在手工艺运动的作用下，影响整个欧洲乃至美国的一次相当大的艺术运动。这一时期的首饰致力于在实用艺术领域里发展一种自然而现代的风格，并从中世纪、巴洛克、东方，如日本艺术中吸取灵感，借鉴自然中的植物、昆虫和动物形态，做适当的简化处理，形成了令人印象深刻的具有曲线风格的装饰效果。这一时期艺术家们从自然形态中吸取灵感，以蜻蜓的纤柔曲线作为设计创作的主要语言。藤蔓、花卉、蜻蜓、甲虫、女性、神话等成为艺术家常用的主题，在他们的作品中表现出一种清新的、自然的、有机的、感性的艺术风格，因此被称为新艺术风格。

在新艺术时期的首饰设计中，贵重宝石的使用比较少，玻璃、牛角、象牙和珐琅因为很容易实现预期的色彩和纹理效果而被广泛使用，成为这一时期首饰作品的重要特征之一。艺术家自然生动且别具情趣的刻画，加上工匠精湛的工艺技术，使首饰作品的装饰效果不仅在视觉上呈现出华丽的审美效果，并且传递着内在婉约的气息。新艺术时期的首饰最有代表性的要数勒内·拉利克创作的作品，他在设计中应用了大量写实的昆虫、花草、神话人物等形象，线条婉转流畅，色彩华丽而不艳俗，这也是新艺术时期艺术风格的代表。珠宝首饰是新艺术运动最强烈的表达，欧洲和美国珠宝首饰最伟大的时期就是在这一时期。

码1-14 新艺术时期的首饰

（六）现代首饰

在这百年的首饰发展历史中，西方国家兴起的几个大的艺术运动在不同程度上影响了现代首饰的发展，现代艺术运动中的代表性艺术家达利也对首饰这种独特的表现形式产生过浓厚的兴趣，他的艺术风格从不同方面影响了现代首饰设计的创新。现代艺术作品中多种材料的使用和技法的创新也为首饰设计带来了灵感。现代艺术流派中的立体主义、极简主义、象征主义、表现主义等对首饰的影响也非常明显，比如现代首饰设计师们十分喜爱的几何形首饰的大量出现，就受了立体主义和极简主义的影响。

现代首饰创作在很大程度上摆脱了传统首饰严密、繁复的工艺程序，变得相对自由、简洁，但其创作主题、材料选择等都已发生了改变。在西方，现代首饰逐渐成为现代艺术的一部分，尤其是在20世纪中叶，现代工业化导致的情感荒漠使得人们十分怀念手工业时代宁静和谐的生活。因为手工操作仍是现代首饰的主要制作方式，所以现代手工艺术成为工业化时代的补偿性反映。相对工业制造的高理智追求，现代手工艺则鲜明地指向高情感的目标，这种互逆维系着现代手工艺的生命力，也形成了现代手工艺的美学特征和审美特征。

作为现代手工艺术谱系一部分的现代首饰，从近代开始成为一种艺术创作形式，一种抚慰心灵、挥洒个性、直抒胸臆的媒介，有的首饰作品更接近于纯粹的艺术作品，这说明现代首饰已经成为现代艺术的一部分。

码1-15 现代首饰

CHAPTER 2

一

第二章

首饰艺术之美

首饰是与几千年的中西方文明共同发展起来的，凝结了许多独特的文化内涵。寓意深厚的传统首饰，本身就是一首精美绝伦的诗词，有的首饰则是封建制度的等级象征，还有的首饰在劳动人民的劳作中形成了独特的风格。研究这些寓意深刻、充满地域风格的首饰，才能更好地将其与现代首饰设计理念与工艺结合，这也是现代首饰艺术绽放新机的基础。

我国的现代首饰业发展较晚，自改革开放以来，珠宝首饰产业已经走过了40多个春秋。20世纪80年代，我国的首饰产业基本处于停滞阶段，之后历经10年的恢复期，到今天，实现了首饰产业的快速发展。现在的首饰艺术兼容并蓄，既从传统文化中汲取养分，也受到西方现代艺术的影响；既有对传统工艺的传承，也受到当今科技日新月异的冲击，呈现出不同风格多元化发展、百花齐放的新局面。

当今人们已经不能满足于那些仅仅带有珠光宝气的、极具传统象征意义的首饰艺术形式，相反，一些材料简单、造型各异、形式感极强并且在年轻人看来很有意思的首饰受到了更多关注。这种首饰随意简单，有人情味、有思想，能从心灵深处打动人，它们在设计之初就被赋予了思想上、情感上的关注，艺术家用各种夸张化的、象征性的、拟人化的、符号化的形式语言表达自己的观念。

除此之外，还有很多来自艺术创作领域内其他专业的艺术家们，也加入了首饰艺术创作的行列，为发展现代首饰艺术提供了良好的创作条件。在首饰艺术创作中，雕塑、绘画、建筑等各领域都有大师对首饰艺术做出的重大贡献，西班牙画家达利的超现实主义首饰以及美国雕塑家亚历山大·考尔德的构成主义活动首饰（图2.0.1）都是经典的跨界艺术创作产物。考尔德的弟子迈克·贝格尔，这位曾任航空工程师的首饰设计师更是"将时间作为第四维度引入首饰中来"，将首饰的动态性作为表达的重要突破，创作了一系列有意思的活动首饰（图2.0.2）。

在雕塑家们看来，首饰与雕塑有着不言而喻的相通之处，按照创作手法可分为具象雕塑、抽象雕塑、意象雕塑，换位到首饰艺术创作领域可分为具象首饰、抽象首饰、意象首饰，因此，

图2.0.1 亚历山大·考尔德设计的耳坠　　图2.0.2 迈克·贝格尔设计的动态戒指

在创作方式与创作理念上，二者有着异曲同工之妙。工业设计师们善于将产品的功能性置入首饰，在他们眼里，若能将产品的实用功能与首饰的装饰功能结合起来将是一件完美的艺术创作。建筑设计师将建筑的框架结构运用到首饰艺术的创作中来，让首饰艺术创作有了空间结构的意识。著名建筑设计大师扎哈与中东艺术珠宝商合作推出的白金"花瓣袖口"（图 2.0.3），镶有 1084 颗白钻，重达 18 克拉，售价 5.5 万英镑。除此之外，她还与多个珠宝品牌合作，推出了多款具有浓郁扎哈建筑风格的首饰作品（图 2.0.4）。软件设计师们会使用 3D 打印技术为首饰建模直接打印出现成的首饰，让首饰艺术渲染上了科技的味道。类似种种跨学科的首饰艺术创作还有很多，这些学科的交叉性使得社会上各行各业的艺术家们都会运用自己最擅长的技能来创作首饰，不管他们是专业或者非专业，他们都乐意将这种擅长的技能拿出来与各行各业的人士分享。他们创作的灵感来源众多，创作方式无关乎人和事，无关乎材料与形式，这种独特的创作理念使得首饰设计变得更加多元化，他们抛弃了传统的首饰设计模式，为首饰艺术提供了更多的交流与补充，为首饰艺术提供源源不断的发展动力与方向。

现代首饰艺术拥有无穷的发展潜力，尤其是在科技多元化的今天，科技的发展给首饰艺术创作带来了更多的创意思路、提供了更多的创作手段。新技术、新工艺的运用革新了部分艺术创作手段，Google AR 眼镜、苹果手表、华为可以高清通话的时尚智能眼镜等一些数字化产品已经在我们的日常生活中得到普及，智能科技产品已经走向可佩戴化。人们可以通过这些数字化产品掌握自己的身体状况，它们美观、实用，照顾到了人们生理上、心理上的需求，这些新技术的开发并非单是某一行业的成就，而是得益于软件、工业设计、建筑、服装、医疗、首饰等不同行业的分工与合作。

宝诗龙 2021 年推出的全息光影高级珠宝系列中使用了全新高科技材质，将熔融钛和银涂层技术应用于白色陶瓷或水晶之上，清澈透明的钻石与涂层的巧妙结合使得光线不仅可以在每个棱面反射，更可以在铺镶的钻石上折射出

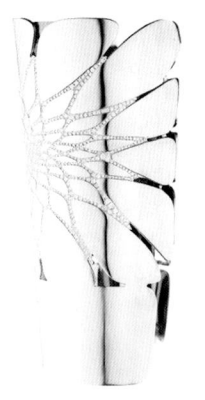

图 2.0.3 扎哈设计的白金袖口

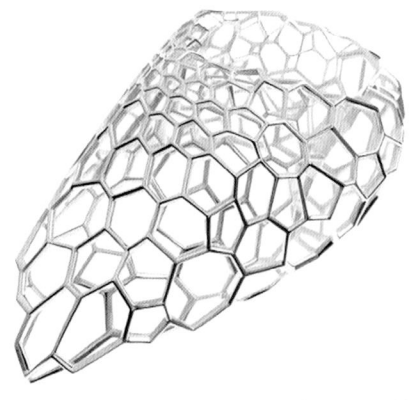

图 2.0.4 扎哈设计的首饰

各色光彩，呈现出与陶瓷和水晶截然不同的光影效果（图2.0.5）。早在2020年的高级珠宝系列中，宝诗龙就已经将用于太空领域的气凝胶材料通过高科技的手段带到珠宝界。图2.0.6这条项链主石为一颗弧面切割水晶包裹的气凝胶材料，整条项链由白金制成并镶嵌了大量的圆形钻石。该作品的特色是使用了新型材料——气凝胶作为珠宝材料，这种材料是目前最为轻盈的固体材料之一，它由99.8%的空气和0.2%的二氧化硅构成。

高科技材料的融入是我们对于科技跨界珠宝界最直观的感受，而在背后，整个珠宝生态的方方面面都受到高科技的影响，发生着巨变。你是否曾有过这样的疑惑：商家给你的到底是不是最便宜的第一手价格？身上戴的钻石到底是不是商家告诉你的众人称羡的比利时切工？这些问题很快就不再困扰你，最新的区块链技术可以将宝石从开采到售出的每一个细节公之于众，只需一串字符，你所有的怀疑就全部都能找到答案。戴比尔斯、阿尔罗萨、卢卡拉这三大钻石矿业集团早已开始了区块链的布局。区块链公司埃弗利杰，它的业务从追踪钻石开始，目前已经拥有200多万颗在区块链上通过密码认证的钻石。它的技术是如何实现的呢？你可以想象为给钻石注入了"指纹信息"，钻石的序列号、形状、切割、大小、克拉数以及钻石交易的历史记录都被转化为一串类似于指纹的唯一的字符，它比指纹更高明的一点是，宝石本身发生任何细微的改变，字符串就会相应地发生改变。

在未来，新技术、新材料将给我们带来更多数字化的、信息化的、机械化的首饰，这些向多元化发展的首饰会因我们对新材料、新工艺、新技术的不断开发利用而变得越来越成熟和完善。

思考题：

德雷斯特（Drest）是全球首个以游戏化、购物、创意、内容和娱乐为核心的奢侈品聚合平台，它允许玩家扮演时尚设计师的角色，每天使用160多个世界领先时尚品牌的最新产品进行造型挑战。它在与卡地亚（Cartier）达成独家合作的同时，也推出了新的珠宝和手表模式，突出卡地亚Clash

图2.0.5 宝诗龙全息光影高级珠宝

图2.0.6 宝诗龙气凝胶项链

"限量"系列。新模式允许精致的珠宝和手表进入手机游戏世界，带有新的细节和增强的玩法功能，让德雷斯特玩家可以在游戏的超逼真模型化身上近距离观看珠宝和手表。除了珠宝和手表模式，卡地亚还将使用游戏应用作为交流平台，展示其新系列以及限量版的珠宝。

随着元宇宙及数字人、虚拟人等的疾驰而至，数字时尚开始突飞猛进。目前已有多家首饰品牌宣布进军元宇宙，并推出了相关的产品及业务，在时尚界加速数字化转型的今天，虚拟物品也存在泡沫、虚高炒作的争议。

思考一下，在元宇宙、数字艺术品、数字经济领域，你认为虚拟首饰未来的发展态势会是什么样的？

一、商业首饰

首饰设计集材料、工艺、设计、艺术、市场营销、消费心理等专业特点于一体。在首饰设计行业里，有一类首饰被称为商业首饰，即作为商品流通的、以实现商品价值为第一目的的首饰，最典型的就是我们日常生活中看到的陈列在商场柜台或首饰门店的琳琅满目的首饰。商业首饰设计是首饰设计专业学生的必修课。典型的商业首饰需要考虑以下几方面因素的制约和影响，包括：首饰的商业利益、大众的消费档次、珠宝的价值观念、百姓的审美心理等。

改款、变款是商业首饰设计中经常用到的设计方式。改款是在原有款式的基础上，适当地调配或增减原有的某些局部元素而创造出新的款式，如改变镶石的数量、镶口大小、首饰花头的位置等，一般不增加新元素。变款是采用原有款式主题，适当增加或减少原有元素，也可对其原有主元素或局部进行对称、重叠、旋转、移位，设计出既有较明显变化，又与原款式风格类似的款式。

（一）商业首饰设计的基本特征

1. 美观性和可佩戴性

一件商业首饰最基本的功能首先是佩戴，具有装饰性。所以在设计商业首饰的时候必须从美观度和人体工学角度考虑，一件首饰再美如果不能佩戴也是没有意义的。美观性和可佩戴性是商业首饰的基本要求。

2. 工艺性

在进行商业首饰设计时，最根本的设计原则是可制造性。商业设计与绘画艺术的不同点在于，纯艺术的绘画效果就是产品，而在商业设计中，只有将产品实现出来时才是设计过程的完结，所以只追求图纸上绚烂的效果，不注重设计的可实现性就犯了商业首饰设计的大忌。体现在具体的设计过程中，就会产生很多需要注意的问题，例如，虽然在绘图效果中可能会有非常美丽优雅的纤细线条，但是在实际设计里应该尽量避免，因为一是不利于批量生产，二是不利于设计形态的保持，三是减弱了首饰的牢固性。在商业设计中，设计师应该与工艺师经常进行交流和沟通，将时尚的设计理念和精湛的工艺水平同时展现出来，才是最优秀的首饰设计。

3. 商业性

商业首饰除了能生产制造、能佩戴之外，还应考虑怎么把它的商业价值最大化。商业首饰和艺术首饰最大的区别就是商业首饰是一种商品，流通性强，通过货币交换可以实现它的价值，而艺术首饰有可能永远放在橱窗或博物馆让人们观赏。

所以商业首饰必须具备3个因素：一是主题概念包装，要有好的产品故事营销商业首饰。二是时尚的款式设计，时尚的造型才能满足当代人的审美需求。三是可以标准化量产的工艺，就是说研发的新品必须具备可以批量生产和流水作业的特性。只有具备了以上3个条件才能称之为商业首饰。

经典的商业首饰设计流程包括以下9个方面：寻找概念——收集素材——设计草图——画正稿——出电脑效果图——打版——生产制作——成品包装——营销推广上市。

（二）商业首饰面临的问题

我国商业首饰的发展走过了三四十年，如今产值巨大，但是也面临很多的问题。

1. 产品供应大于需求

首饰市场发展让人印象最深的就是店铺多、商品多，尤其是黄金首饰，这个产业最不缺的就是货品。在30多年的卖方市场环境下，旺盛的市场需求促进了全行业制造能力的提高，货品供应与需求增长同步，产品同质化、以量取胜、全民买爆款是这个时期货品供应的主要特征。

一旦进入买方市场周期，庞大的供应能力不是优势，反而是劣势。买方市场是细分化的市场，对货品的需求首先是精准，也就是有针对性地为目标消费人群生产产品，然后才能追求产量的提升。所以，进入买方市场后，上游制造端有相当一批不适应新逻辑的加工企业会被淘汰，这就是国家供给侧结构性改革所提到的去产能，去掉低级重复建设的产能，增加技术创新和模式创新的产能。

所以中国的首饰产业需要找到自己的新需求，一个商业首饰品牌有没有发展前景，不取决于当下产品市场占有率的高低，而取决于企业引领市场、创造需求的能力。当前，首饰产业在创造市场新需求方面远远落后于其他产业，这里既有企业主观上对这项工作不重视，缺乏持续的投入，也有材质金融化的客观因素，对于很多中小企业主，黄金和钻石是直接可以兑现的硬通货，可以随时变现离场，而需要持续投入才能实现的中长期目标，不会受到他们的关注。市场需求的开发，只有具备长期发展战略的大品牌做出表率，才能带动整个产业在这一方面的进步。

创造新的市场需求，是未来商业首饰领域最有价值的工作，即从危机中寻找新的机会，从消费者心理需求中发现突破点，从文化创新中探寻新出路，找出消费痛点，立足新刚需。

2. 实现产品差异化和个性化设计

实现差异化的路径比较多，通过工艺升级、功能性开发、材料应用的创新，都能够实现产品的差异化，但以上的差异化手段比较容易被同行模仿，很难形成唯一性的核心竞争力，所以产品差异化竞争策略是过渡性方案。

个性化产品开发的理念是"我为你设计"。个性化与消费者的气质和心智相关，实现个性化的关键是有懂市场研究的设计师，设计师首先要对目标消费人群进行归类画像，研究这一类消费者的生活特质、爱好兴趣、精神信仰、心理需求，然后再找到产品与顾客之间的文化认同和关联，最终进行定向设计。

近几年，设计师品牌、个性化会所、私人定制工作室的兴起，就是市场对个性化产品需求的具体表现，这一具有生命力的趋势会一直保持下去。在买方市场环境中，差异化和个性化产品有着广阔的成长空间，头部品牌有整合全国优质设计师资源的先天条件，在过去的5年里，这些品牌在产品的差异化和个性化方面进步很快，对整个行业都产生了积极的引导。中小型企业才是实现产品差异化和个性化的主力军，这种力量经过一段时间的积蓄，一旦释放出来，对珠宝首饰市场的发展会起到推动作用。

思考题：

首饰独立设计品牌区别于市场上的潮流品牌或快消品牌，它们往往不依附于设计公司，由独立设计师设计，产品更具个人主义、自由主义，真正吸引人的地方在于独特个性的价值观与设计理念。独立首饰设计师是很多本科及以上学历首饰设计专业毕业生的选择，你对独立首饰设计师或独立首饰设计品牌的从业及运营要求有过了解吗？如果你有这个方向的从业意愿，那么从现在开始，多关注这个方向的行业要求和信息吧。

二、高级珠宝首饰艺术

在欧洲，珠宝分为普通珠宝（Jewelry）、精品珠宝（Fine Jewelry）、高端珠宝（High Jewelry）三大类，但是在中国，我们只说珠宝和高级珠宝，缺了一个精分的等级。欧洲的这三种等级划分指的都是珠宝首饰，除此以外还有很多时尚首饰（Fashion Jewelry），类似于中国的时装首饰。时尚首饰是不算在珠宝类里面的，它在配饰（Accessories）类别里。

那么高级珠宝到底是什么样的呢？

（一）使用贵金属材质作为底托，镶嵌贵重宝石

高级珠宝采用的是比较昂贵的金属，比如黄金、铂金和钛金属。其中钛金属是近年来发展起来的新材质，因其重量轻盈、色彩丰富，可以制作更大更夸张的珠宝而受到设计师的青睐。

在昂贵的金属上镶嵌贵重的天然宝石，是高级珠宝的另一特征。随着时代的发展，贵重宝石的界定已经不再局限在鸽血红、皇家蓝、D级钻、祖母绿这些传统的品类之内了，有更多的宝石也在被越来越多地使用，比如珍珠、绿松石、摩根石、翠榴石等等。高级珠宝的选材标准苛刻，在色彩品质、净度、克拉数上与普通较昂贵的珠宝分开。使用天然钻石的珠宝被默认为是高端珠宝，与普通珠宝、时尚首饰形成分界线。高级珠宝用的配钻等级也非常高，切工更是高要求，虽然增加了成本，但其品质令其他珠宝类型和高仿望尘莫及。

（二）几乎是不计成本和时间的纯手工制作，因此数量非常有限，无法批量生产

单纯的昂贵并不够，是上乘的工艺赋予高级珠宝灵魂，相比大规模3D打印、蜡模批量生产的普通珠宝，高级珠宝由资深匠人纯手工打造。梵克雅宝的一件高级珠宝一般需要5~8个工匠，耗时6个月到2年才能完成，这样的高级珠宝是很难被仿造的，它们线条流畅、衔接完美，工艺更胜一筹。一件杰出的高级珠宝从设计、切割，到抛光、镶嵌，每一个细节都需要大师们花费大量心思以达到最高水准，否则就不能称之为杰作。任何珍贵的东西都无法大批量机械生产，所以高级珠宝制作的每一个步骤都必须靠经验丰富的老师傅手工完成，几十年经验的老工匠能做出机器生产所无法达到的水准。工坊里大师的技艺都需要保持稳定性，这也是为何这些珠宝工匠们会有"黄金之手"的赞誉。正是工期长、费用高昂，以及作为主石的原材料可遇不可求等诸多原因，高级珠宝一般仅此一件，无法批量生产。

（三）在设计上具有原创性和艺术性

高级珠宝分为国际知名奢侈品牌和独立设计师品牌两种，设计师们会以世间万物作为灵感来源，力求将创新性与艺术体验相结合。能够设计高级珠宝系列是对一个设计师的肯定，更是非常难得的机会，所以他们会倾尽所有去创作，用几年的时间游走世界采风，参观各种艺术展、博物馆，翻阅各种资料去收集灵感。对于一件高级珠宝来说，它的艺术价值和物质价值几乎是同等重要的，设计是真正赋予珠宝灵魂的魔术。在镶嵌形式、色彩搭配、主石和配石的关系上，高级珠宝产生一种和谐而庄重的美感，单独看可能并不觉得惊艳，但仔细研究会发现每一件作品都饱含设计师的精妙构思。普通珠宝可能会以高级珠宝作为范本，出于节约成本和简化工艺的需要进行改造，它们虽然也可能看起来奢华美丽，但缺乏独一无二的创造性。

（四）通常情况下，只有一件孤品

唯一最珍贵，所以高级珠宝不可以被复制，这也正是它的价值所在。很多大品牌的高级珠宝卖掉以后决不再做一模一样的，甚至连模板都要珍藏起来不再被重复使用，这是对收藏这件作品的人的保障，也是对作品价值的保障。

首饰艺术

图 2.2.1 是由 CINDY CHAO 品牌的 The Art Jewel 部设计制作的,是典型的高级珠宝,创作灵感源自法国童话中的"青鸟",象征着对幸福及快乐的追寻。CINDY CHAO 运用蓝宝石及钻石展现立体而分明的色彩层次,营造出羽毛飘逸的轻盈感,仿佛从天上徐徐落下。金黄羽干主要由钛金属构成,上方的 2 颗圆角三角黄钻分别重 7 克拉和 8.6 克拉,以单爪半包镶的方式镶嵌于羽干顶端,透过光影呈现出无比耀眼的光芒,成为该作品的点睛。青鸟羽翼汇集了 2100 颗产自斯里兰卡、缅甸等不同地区的蓝宝石,呈现 6 种切割琢形,包含心形、枕形、椭圆形、明亮式、玫瑰式及花式切割;这些蓝宝石呈现出了 9 种不同色调,搭配 D 色与 E 色钻石,镶嵌出栩栩如生的羽翼,呈现如渲染般的蓝白渐层效果。胸针主体采用钛金属打造,由拥有超过 15 年钛金属打造经验的欧洲工匠合作完成——每根羽片厚度仅 1.5 cm,侧面更镶满不同颜色的蓝宝石及白钻,作品背面是以阳极处理呈现渐层蓝色的金属架构,衬托蓝宝石优雅神秘的魅力。羽片上不同弧度的机关可轻微晃动,让整件作品更具灵动生机。

这件御木本矢车百变饰扣(图 2.2.2)不只是一枚带扣,

图 2.2.1 CINDY CHAO 羽毛胸针

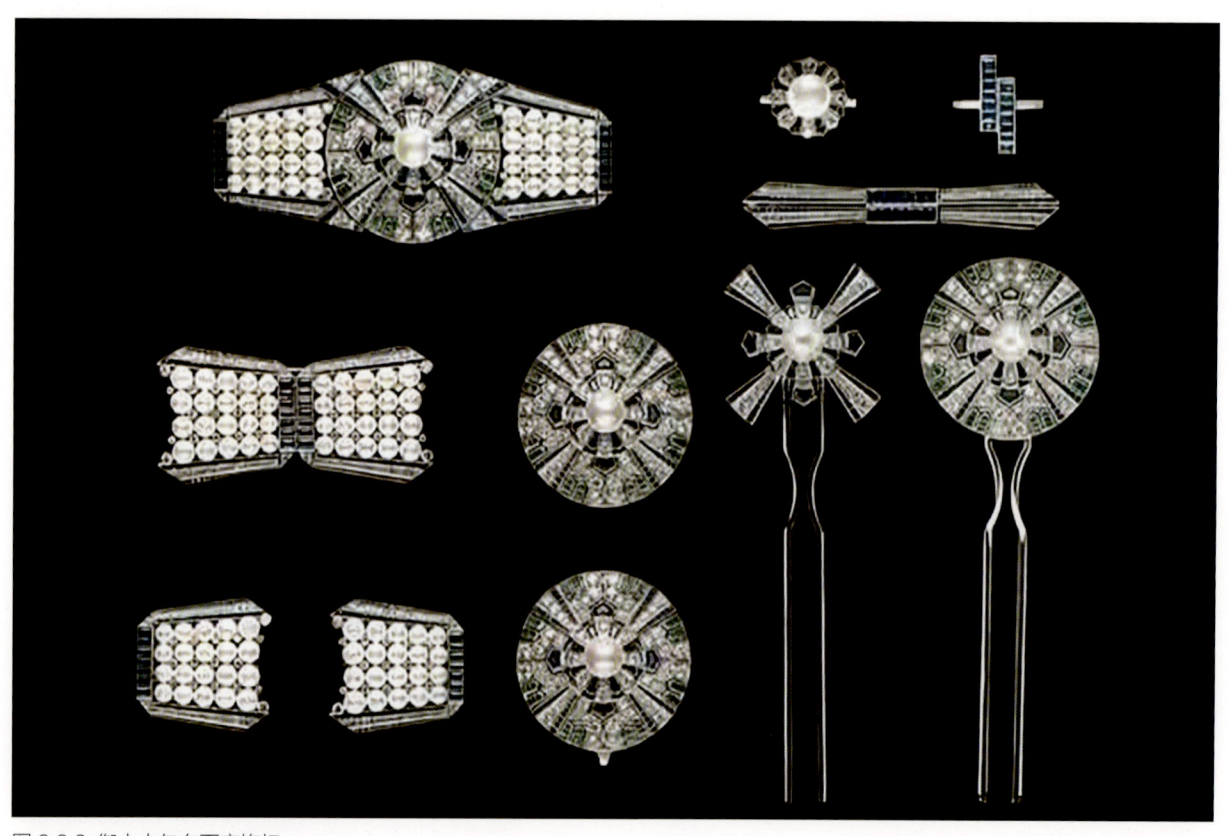

图 2.2.2 御木本矢车百变饰扣

更可拆分为胸针、戒指等多个精巧部件，能组合出 12 种精美饰品。它采用"夹镶"与"滚珠镶边"等精湛工艺，集高雅独特的设计与巧夺天工的技术于一身。

改进镶嵌工艺，配合钻石切工创造出独特的设计风格，例如以隐秘镶嵌工艺闻名天下的梵克雅宝（图 2.2.3）。

布契拉提引以为傲的则是玩金技术，图 2.2.4 以独门的"织纹雕金"创造出轻柔的"薄纱"效果，不同的黄金"编织"技巧，加之巧妙镶嵌的各种宝石，其精美纤丽的风格令人赞叹不已。纽约奢侈品研究调查机构曾经在高端消费人群中对 20 个顶级珠宝品牌进行了"奢侈品价值指数"调查。结果显示，布契拉提在宝诗龙、宝格丽、戴比尔斯、伯爵、蒂芙尼和梵克雅宝的光芒中胜出，与哈里·温斯顿和卡地亚分别占据前三名的位置。

来自西班牙的年轻珠宝品牌 Magerit 成立于 1994 年，以雕刻见长，作品灵感源自欧洲各民族的古老文明和神话，极具视觉冲击力和神秘气息

图 2.2.3 梵克雅宝隐秘镶羽毛

图 2.2.4 布契拉提高级珠宝系列：宝石花园

（图 2.2.5）。这种充满民族艺术和浪漫气息的珠宝，也使得这一品牌跻身高端珠宝序列。

2019 年 5 月 28 日，佳士得香港"瑰丽珠宝及翡翠首饰"春拍呈现了一颗粉钻，这颗被命名为"The Bubble Gum Pink"的 3.44 克拉粉钻，来自全球顶级的神秘珠宝商之一 Moussaieff，最后以 5882.5 万港币（含佣金）落锤。这颗粉钻采用枕形切割，经 GIA 鉴定达到 Fancy Vivid Purplish Pink 色级，IF 净度级别。英国珠宝商 Moussaieff 将这颗粉钻设计为一枚戒指（图 2.2.6），主石周围延伸出 4 颗水滴形粉钻，构成边缘的尖角，外侧围镶 4 颗橄榄尖形钻石，恰好拼嵌为完整的枕形轮廓，具有出色的立体感。

知识拓展：

JAR——珠宝圈最神秘低调的珠宝大师

当代有不少杰出的珠宝大师，但被称为 JAR 的 Joel Arthur Rosenthal 绝对是作品一件难求的那种大师级人物，但他本人却非常低调神秘。他只为熟客做设计，每一件作品都独一无二，年产量不过百件左右。他的作品在拍卖中屡破纪录，他也是唯一一位在纽约大都会艺术博物馆举办个人展览的在世"宝石艺术家"，也被称作"当代法贝热"。JAR 的几乎每一件作品都是为客人量身定制，因此风格多变，被人称为珠宝界的"马蒂斯"。他设计的珠宝往往充满了艳丽的色彩、奇异的幻象，使用不拘一格的材料，最重要的是，他的作品总是洋溢着丰沛的感情，总能触及人们的心灵。现如今，微型雕塑一般的珠宝造型、彩色宝石颜色渐变对比的密集镶嵌、做过颜色氧化处理的钛金属珠宝在高级珠宝中已经很常见，但这些当下流行的设计手法、材料及元素，JAR 在 35 年前就开始尝试使用了。

JAR 的作品极少示人，一般被私人藏家收藏；JAR 也不公开接受采访，甚至在旺多姆广场的唯一一家专卖店都不做宣传，没有橱窗、没有固定开店时间，如果没有预约且得到他本人允许也不可以擅自进入。

三、当代首饰艺术

首饰，英文为"jewelry"，而"jewelry"译为中文时首先是"珠宝"，其次才是"首饰"。人们不自觉地将首饰与贵金属、宝石联系在一起，甚至视其为一种炫富的方式，或者是可供后代继承的家产。材料的贵贱是衡量首饰价值的首要标准，这种看法根深蒂固，在一定程度上也阻碍了首饰艺术形态的进化。

图 2.2.5 Misterio 金质戒指

图 2.2.6 Moussaieff 设计的粉钻戒指

"当代首饰"发轫于20世纪70年代的欧洲和美国，这个名词从诞生开始至今，不同的个体或者群体中对其性质、属性、内涵的看法众说纷纭，莫衷一是。西方的艺术史学者利斯贝特·登·贝斯滕曾经使用了6个词汇去描述这个新生事物：当代首饰（contemporary jewelry）、工作室首饰（studio jewelry）、艺术首饰（art jewelry）、研究型首饰（research jewelry）、设计首饰（design jewelry）以及作家首饰（author jewelry）。虽然概念及所代表的观点不一，但作为一种新兴首饰门类，自20世纪90年代以来，当代首饰在西方各大艺术院校中的发展呈现出一片蓬勃之势。

当代首饰从诞生之初就与时代精神紧密相连，成为各国前卫学院派首饰艺术家进行话题讨论的媒介。当代首饰艺术的独特之处在于它通过作品对首饰与佩戴者的关系做了各种讨论，这些讨论深化了首饰和佩戴者之间的关系。当代首饰艺术设计师、艺术家通过作品表达艺术思想、选择材料，考虑对社会、信仰、时尚潮流、文化观点、习俗和宗教仪式的态度，是一项"有计划地表达"的创作活动。当代首饰是个人生活体验的产物，从想法的生成和推敲，到着手制作，再到最终完成作品，常常是个人独立完成的。

当代首饰作品在脱离了作为承载体的人体之后，仍然具备雕塑或者装置雕塑的性能。一些主营当代首饰的画廊，其常规展览模式是将一件件精美的首饰放置在一种更加接近于雕塑展览的空间里，而非人们惯常所能理解的将首饰佩戴在人体模型上展示。当代首饰艺术家们有意削弱了珠宝首饰贵重的物质性，甚至认为是否可以佩戴都无关紧要，所以我们经常会看到类似于装置的当代首饰设计，抑或并不适合搭配任何服饰的款式，因此当代首饰更像是一种艺术形式。

Dukno Yoon来自韩国首尔，他致力于动态首饰的研究，将自己的作品当作微缩雕塑，使用精湛的金工技术制作机械结构，并通过佩戴者的肢体动作控制首饰活动。Dukno Yoon从小就对机器的运作很感兴趣，他把"会动的首饰"作为自己的设计语言，用自己独特的语言来解释"翅膀"的特性，并与观众分享它的隐喻、幽默感和想象力。他认为每个人都能拥有一双"翅膀"，尽管它们是隐形的。Dukno Yoon设计的每一件作品既是饰品，也是雕塑，有着超脱现实的艺术感和趣味十足的设计感。有人将Dukno Yoon的作品归类至"蒸汽朋克"，即一种大量使用机关、齿轮、蒸汽动力以及机械等元素的作品类型。但Dukno Yoon的机械无疑是"蒸汽朋克"中最轻灵的，没有典型的"蒸汽朋克"作品中轰鸣的机器带来的有关工业革命的联想。（图2.3.1）

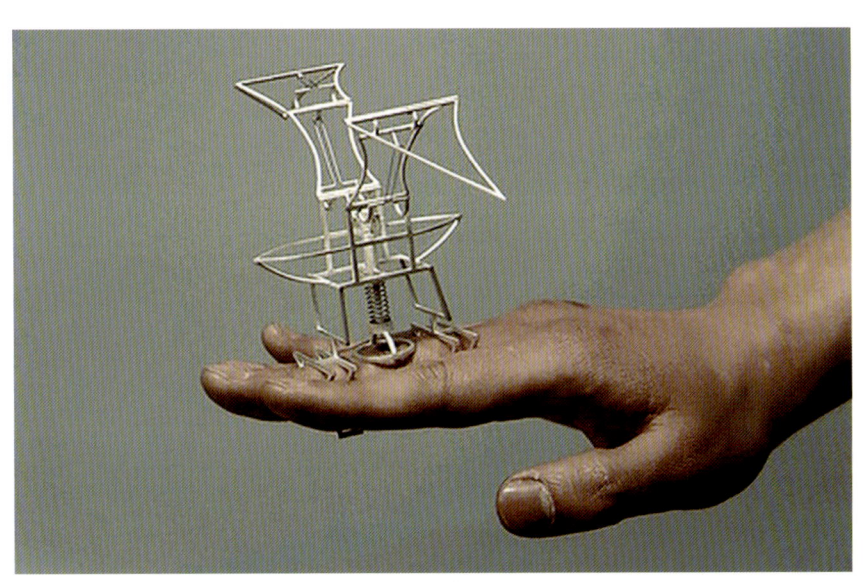

图2.3.1 Dukno Yoon设计的会动的首饰

（一）纸、塑料、陶瓷艺术首饰

当代首饰从诞生起，就不断吸收各种后现代主义思潮，深受现代手工艺和当代艺术发展的影响。它具有强烈的批判与重构的精神，发展方向越来越注重抽象性，雕塑性胜过其功能性，追求复杂的知性内涵以及对新材料的实验与探索，不断在形式和表现上求新求变。

在这样的首饰设计理念的影响下，以审美和创新为主旨的首饰设计力量逐渐强大起来，不求奢华、不求永久保值的理念被越来越多的人接受，对日常创意材料的重新设计和使用使得一些综合材料的使用变成了新的充满活力的设计语言。当代首饰设计师更加注重首饰材料的触感、趣味和个性，材料的使用变得多元而灵活。

在许多人看来，当代首饰拥有奇异的造型，不好佩戴，但当代首饰的魅力并不是在于珍贵的宝石、稀有的贵金属材料，而是对社会的思考、对生活细节的挖掘、不同材料碰撞的奇妙视觉、对未来首饰可能性的无限探索。没有璀璨的宝石镶嵌，没有繁复的形式表现，但当代首饰却极具艺术特质。无论是纸张、玻璃、纤维、塑料、金属、皮革，还是动物骨骼、植物，甚至是泥土、毛发等，只要符合设计师们想要表达的情感，都可能被设计师化腐朽为神奇的双手制作成首饰。

纸是世界上最古老和广泛使用的材料之一，从传统的折纸、剪纸艺术，到概念性的纸雕塑和当代实验艺术，看似平凡的纸在不同的工艺与技法的处理下却有着十分多变的面貌。纸张被人们用作交流与表达的媒介，艺术家们凭借其丰富的色彩、动态的结构，自身独特的纹理理解，探索着纸艺首饰无限的可能性和表现力。纸张有丰富多样的处理方式，如折叠、裁切、撕裂、粘贴、染色等，许多艺术家通过对纸质材料的特殊处理，使纸张的视觉表现焕然一新，形成了独特的个人语言和风格。

阿根廷艺术家路易斯·阿科斯塔，通过对单一元素的不断重复与放大，以生活里各式各样的形状、线、颜色作为设计基础，做出了温暖并富有视觉冲击力的艺术首饰。作为曾经的纺织与编织设计师，路易斯对纺织品图案中的重复元素非常熟悉。如图 2.3.2 所示，他通常使用 6 层纸来制

图 2.3.2 路易斯·阿科斯塔的首饰艺术作品

作作品，第1、3、4、6层通常是来自泰国、印度、日本等地的手工纸，第2层和第5层是来自瑞士的双面包装纸。这些纸张可以为组成作品的部件赋予所需的硬度，路易斯先将它们缝在一起，随后进行裁切，再把每个模块一个接一个地缝合起来，以奔放而多彩的形式将纺织品、纸制品与首饰结合在了一起。

荷兰首饰艺术家Nel Linssen则致力于探索如何将不同的纸形或结构组成新的结构。Nel Linssen的作品灵感来源于植物世界的韵律节奏和结构，她认为纸张具有许多优点，尤其是纸的触摸感。多年来，她采用品质最优秀的纸来创作首饰，采用简约的美学方法，以模块化的方式组合出连续的形状。其中，有些作品的纸张是通过弹力线或塑料管固定的，而有些纸张的切割和折叠形式可以独立支撑其结构。Nel Linssen凭直觉和过往的制作经验，加上不断尝试发现新的逻辑结构，创作出了一件件和谐又具有迷人结构的纸艺首饰（图2.3.3）。

纸质材料种类繁多，如合成纤维、回收的卡板、纸箱等等。不同类型的纸张有着不同的质感和肌理，在创作过程中，艺术家们需基于材料本身的特质，选择出最为合适的纸材类别。

来自日本的艺术家永野和美，以日本传统编织、上彩、包裹等工艺技术，将日本纸与金属线、丝绸线、尼龙线交织在了一起。柔软而细腻的日本纸，在经过折叠和扭转后，转换成了富有光影与律动的立体造型。艺术家通过描绘自然风光，如白雪、月亮、樱花等，以一种东方美学的沉静姿态，在人的身体上呈现出了自然界中那些短暂的瞬间与美丽（图2.3.4）。

图2.3.3 Nel Linssen的纸艺首饰

图2.3.4 永野和美的纸艺首饰

伦敦艺术家 Jeremy May 则是充分利用了书籍的特性与内涵，将书中的纸张作为原材料，创作出了一件件可穿戴的"文学瑰宝"，吸引着人们驻足"阅读"（图2.3.5）。Jeremy May 从当地的旧货店购置书籍，从书中挖出自己需要的部分与形状，然后把数百层纸压缩在一起，使用特殊的覆膜技术，刷上高光泽涂层并打磨抛光。对于每件作品，Jeremy May 都会从经典的书籍中选出一句独特的话，通过首饰的形式来叙述书中的故事。书里的文字和图案暴露于表面，首饰的美感延伸到整个作品之中，让人忍不住想一瞥其中的奥妙，在抚摸着首饰的同时，也许你还能感受到书中所传达的情感。

还有些艺术家选择从纸质材料的成分构成入手，重新合成与实验，创造出新的材料与视觉表现。

如艺术家安娜·哈戈皮安，她通过对纸质材料的再造实验，对纸张进行染色、卷曲，再现了植物树叶与花瓣等自然元素，作品具有很强的厚重感，但同时又能让观者感受到树叶的轻盈感，以及纹理的真实感（图2.3.6）。纸张的特性被充分利用，材料的潜质被深入挖掘，首饰与纸的艺术融合，使那些纸面之外的表达与情感传递方式，仍在不断被探索与拓展着。

塑料作为现代产物，由于量产和普及度高，往往用于制作廉价产品，让人很难和首饰设计联想到一起。但是塑料的可塑性让人着迷，3D打印和参数化的兴起也让塑料在首饰设计中大放异彩。

来自阿根廷的设计师法比亚纳主要从大自然的环境及资源中获取灵感，致力于运用废弃塑料创作当代首饰。现今塑料的大量使用已经对环境造成严

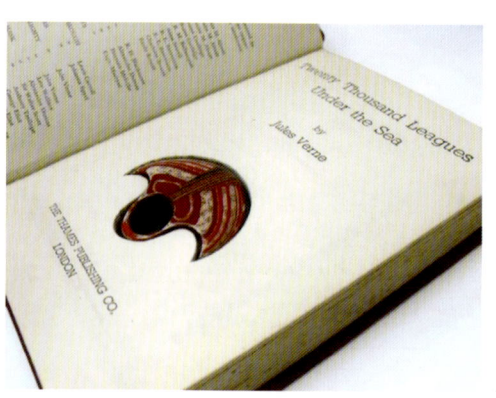

图 2.3.5 Jeremy May 的书籍艺术首饰

图 2.3.6 安娜·哈戈皮安的纸艺首饰

第二章 | 首饰艺术之美

图 2.3.7 法比亚纳的塑料首饰

图 2.3.8 Seulgi Kwon 的硅胶首饰

重的破坏,她运用回收的塑料瓶进行创作,表达人们对环境破坏的警示。法比亚纳的城市系列主题首饰(图 2.3.7)用重建和组装的方式,重复使用 PET(聚对苯二甲酸乙二醇酯)和一次性塑料瓶。切成薄片、正方形或条状的矿泉水瓶经过低温处理,使这些平坦的箔状零件变成半透明的雕塑形状应用于首饰,赋予了它新的意义和持久性,也给予了废弃塑料二次生命。

Seulgi Kwon 是位韩国首饰设计师,她的作品多由硅胶、线、颜料和纸制成,Seulgi Kwon 将有机硅胶加工成薄薄的半透明物体,再经过多重工序制成戒指和项链饰品。玻璃的形状被彩色的线条、色块和纸片包裹住,通过色彩与不断变化的形状,模仿微观生物的外形与动态。单位细胞本身在创造、生长、分化和消亡的过程中,每一阶段都表现出各种形式的变化,以合成树脂为主要成分的硅树脂,以其神秘的色彩和不断变化的形态,积极地表达细胞的有机运动,使观者和佩戴者对有机硅的质感、透明度产生兴趣。她的表达方式是在材料的把控上结合了新型材料硅胶、树脂,进行大量实践和突破,使得这些材料已不再是我们常规认知上的样子(图 2.3.8)。

陶瓷可以说是我们身边

035

很常见的元素，小到生活中的杯、碗，大到陈列的摆件、雕塑，生活中处处可见陶瓷的身影，但你见过能穿戴的陶瓷吗？如图 2.3.9 所示，西班牙陶瓷艺术家玛尔塔·阿尔马达就把陶瓷与首饰相结合，创作出一系列奇思妙想的陶瓷艺术品。

刚与柔，传统和现代，在宁晓莉的指尖都化成了万千繁花。如图 2.3.10 所示，一枚盛放的玉兰胸针上，浮红的花瓣是易碎的陶瓷，交叉重叠的花枝是坚韧的白银，银枝蔓蔓间，瓷花绽放，两样质地截然不同的材料，却浑然天成地合为一体，展现出植物般的轻盈与柔软，仿佛一阵风过，花朵便会从银树枝上吹落。宁晓莉最拿手的工艺是"银瓷镶嵌"，这种工艺大致分为陶瓷和金银两部分。陶瓷部分要根据设计意图，用瓷泥塑出主体部分的形状，仔细打磨出植物的细节纹路，再根据设计稿施以釉彩，入窑烧制，然后上釉，再烧制，反复多次直到烧制出设计师满意的色彩和花纹。

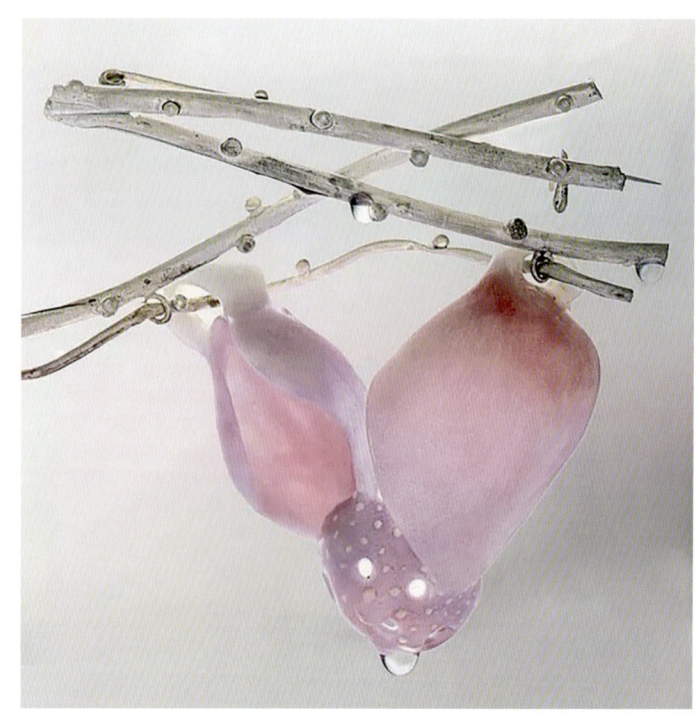

图 2.3.10 宁晓莉的"银瓷镶嵌"胸针

图 2.3.9 玛尔塔·阿尔马达《分子项坠》

第二章 | 首饰艺术之美

（二）回收、再利用材料首饰

金属是最常见的传统首饰制作材料，然而在当代首饰中，越来越多的艺术家通过非传统的材料去创作首饰，比如硬币、瓶盖、老化的金属配件、老旧毛巾、手提电话和洋娃娃部件等。艺术家们舍弃了这些东西原本的功能，经过特殊的选择将其与柔和的色彩相结合变成项链、吊坠和手镯，让它们以不同的方式回到生活中。

环境保护以及与矿石开采和资源使用相关的问题，持续成为首饰创作关注的焦点。从矿石开采制造出的精美珠宝到日常物品的回收再利用制作出的当代艺术首饰，这是一个出于对社会环境和生态环境积极关注的态度，以及对于设计的内在价值和材料的回收及循环利用价值的探讨问题。

当我们提起再利用时，也不仅仅局限于回收利用一些多余的消费品，更多的首饰艺术家用赋予个人情感和时间价值的物件进行再创造。这些作品对于我们来说，记录着时间的流逝和情感的价值，在我们所处的转瞬即逝的视觉主义社会中，提醒着我们应更加关注并探索首饰背后的真谛和外延。

芭芭拉·帕格宁是意大利首饰艺术家，她大量地使用现有的物品来创作，通过主客观时间关系的不断交换，有效地检验了串联起生活和每个人记忆的作品的价值。在"记忆"系列作品中（图2.3.11），陶瓷动物、瓷娃娃、雕刻的象牙、森林、玻璃、传承和收集的旧照片与鞋子、衣服、日常使用的小工具和仿制宝石混在一起，由此在作品中加持了层层的情感。芭芭拉专注于提炼每一个物品的特征细节，然后她用独特的方式重新解释，在创作过程中，她既不是极简主义者，也不是修辞家，她只是将自己对事物的个人"记忆"导入作品中，没有过多的转换。

乔·庞德是伦敦当代应用艺术学院的成员，她的作品曾在慕尼黑的施穆克、伦敦的维多利亚和阿尔伯特博物馆、俄克拉何马州的普莱斯塔艺术中心、旧金山和伦敦的当代应用艺术展等地方

图 2.3.11 芭芭拉的首饰作品

037

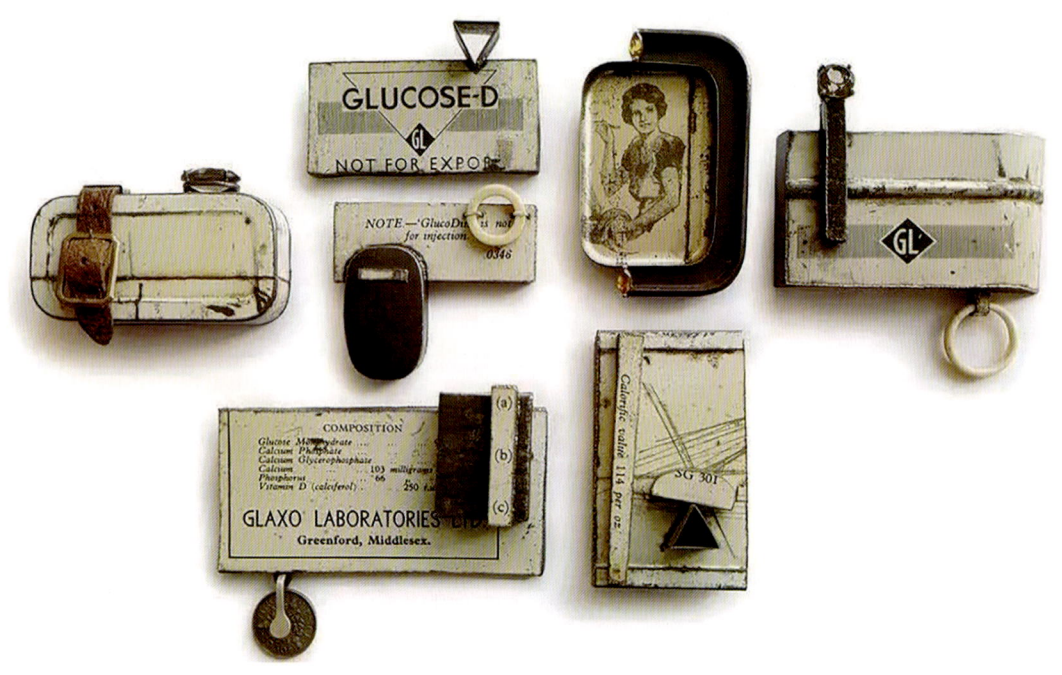

图 2.3.12 乔·庞德的首饰作品

展出。乔·庞德最新的首饰作品可以看作是复生的物品，她对纽扣、硬币、罐子和钥匙等材料进行修改和重新诠释，同时为每件作品创造新的叙事风格。在乔·庞德的作品中，贵重金属和宝石，如钻石或珍珠，经常与这些现成物结合在一起，体现美和世俗、社会地位和等级、视觉和概念等思想（图 2.3.12）。

记忆和历史在当代首饰艺术家威勒姆·斯蒂金的作品中发挥着核心作用。如图 2.3.13 所示，她强调作品的"珍贵"不在于使用材料的价值，而是它们拥有的记忆。威勒姆·斯蒂金创作首饰传达故事，使用过的材料是她灵感的直接来源。她认为快速消费文化和过度商业化不应是一种生活实际，人们应该思考为什么他们需要整橱的衣服和鞋子，因为疯狂的消费、大规模的生产都会让大自然无法持续发展。

在当代首饰艺术家 Dania Chelminsky 的创作中，一块脱离了土壤的枯木，数颗脱离了蚌壳

图 2.3.13 威勒姆·斯蒂金的首饰作品

的珍珠，两种似乎经历了生长却又停留在了某个静止时刻的"生命"重组后展现出别样的生机（图2.3.14）。

现代生活中，设计作为时尚产业链的起点，对于原材料的选择、生产制造的工艺、传递给消费者的信息与感受，甚至到产品生命周期结束后的回收处置方式，都起到了决定性作用，直接关乎时尚产品对社会和环境的影响。除了首饰领域在关注材料的创新和可持续发展外，很多服装品牌很早就开始从纺织品材料中寻求突破。现代科技中纺织品的"再造"技术，将回收的聚酯纤维织物进行分解，经过反复制作，形成更高标准的原材料。即使经过反复的加工，最终的材料质量也不会下降，而且与生产新的聚酯材料相比，这一过程减少了80%的能源消耗和二氧化碳排放。

取材多种多样，决定了当代首饰在制作工艺上的超乎想象。当代首饰的表现形式不受工业化生产的技术限制，产生了许多特别的首饰制作工艺，突破了传统的首饰制作概念，它最大的特点是没有固定的制作手法，除了镶嵌、编织、打磨等常见的工艺，你也许还能在当代首饰身上找到折叠、弯曲、挤压等非首饰制作工艺的痕迹。

当代首饰更像是一种艺术家的情感表达，从问世时就被设计师赋予了故事，通过佩戴首饰与制作者间接接触，聆听其中的故事，这样的表达方式很新鲜，其中的感染力也是其他只能通过视觉感受的艺术媒介所达不到的。在它身上你看不到阶级、财富、宗教的印记，却能更多地看到设计师的艺术观念与情感思想，这与围绕着客户需求批量生产的传统首饰恰恰相反。

当代首饰设计虽然属于小众范畴，却是越来越彰显出强势生命力的全新首饰艺术形式。当代首饰满足了人们物质和精神的需要，融合了艺术与科技、再现与表现、实用与审美。另外，当代

图 2.3.14 Dania Chelminsky 的首饰作品

首饰设计突破了材料上的局限，减少了对贵金属材料的运用，更加绿色环保，并且当代首饰超现代感的设计潮流极大地推动了未来首饰设计的发展。

理解并且学会欣赏当代首饰，对于美的可能性会有更加宽广的见解。

思考题：

当代首饰发端于欧洲金工匠人的作坊，在我国却是直接出现在学院派教育中，并且目前我国当代首饰艺术家最大的群体就是学院派的教师和学生。一方面，学院派的当代首饰教育启发了学生对当代首饰的认知、扩展了学生对首饰材料的认识、扩大了首饰教育的外延、深化了首饰教育的内涵、促进了我国首饰设计的良性发展；另一方面，当下的一些当代首饰在观念和实验的路上越走越远，出现了千奇百怪的材料和光怪陆离的造型形式，而对工艺技术和美感的把握却越来越低，靠着哗众取宠来吸引大众的眼光，用"当代首饰艺术"的标签来掩饰自身美感、艺术、设计以及工艺的不足。

不管是商业首饰、高级珠宝首饰还是艺术首饰，在发展过程中都有其自身适应时代的生长动机，也有与时代和社会发展相悖的因素，我们应该如何理解和欣赏这些首饰呢？

CHAPTER 3

第三章

首饰工艺之美

一、宝石镶嵌工艺

镶嵌之所以在珠宝行业中占据重要地位，是因为它作为一门古老的传统手工艺有着精细的制作手法，我国传统首饰中的错金银工艺就是早期的金属镶嵌工艺，金镶玉体现的则是我国传统首饰中的玉石镶嵌工艺，现代首饰中流行的讲究设计质感与技术精湛性的珠宝镶嵌工艺则主要来自西方。从工艺难度与首饰造型这两点来说，珠宝镶嵌比传统的东方玉石镶嵌工艺更加精细复杂，更能突出珠宝的材质与特色。

我国早期的镶嵌工艺在玉带钩这种精美的工艺品上得以呈现。春秋战国时期，由于当时制作工艺的提高和金、银等金属的广泛使用，开始出现一些利用镶嵌工艺制成的带钩，这种带钩一般都是在银、铜、铁上鎏金嵌玉。图 3.1.1 正是这一时期利用鎏金工艺和镶嵌工艺制成的一件做工精细、华丽的典型带钩。此时我国的镶嵌技术已经将当今的爪镶工艺和雕刻造型结合使用了，从这件带钩中，我们完全可以一窥我国战国时期镶嵌技术的制作工艺与水平。

中国镶嵌工艺由最早在金属器上进行的错金银和错金嵌玉装饰，到在首饰等器物上利用宝石、玻璃、珍珠等进行的镶嵌，多种多样的镶嵌方法以及材料的发展而产生的不同作品，无不展示着中国镶嵌工艺的独到之处。而西方的镶嵌工艺起源于马赛克镶嵌，现在成为首饰行业中宝石镶嵌的主要应用方法，常用的包括以下几种。

图 3.1.1 鎏金嵌玉镶琉璃银带钩

图 3.1.2 爪镶工艺示意图

图 3.1.3 爪镶戒指

图 3.1.4 包镶工艺示意图

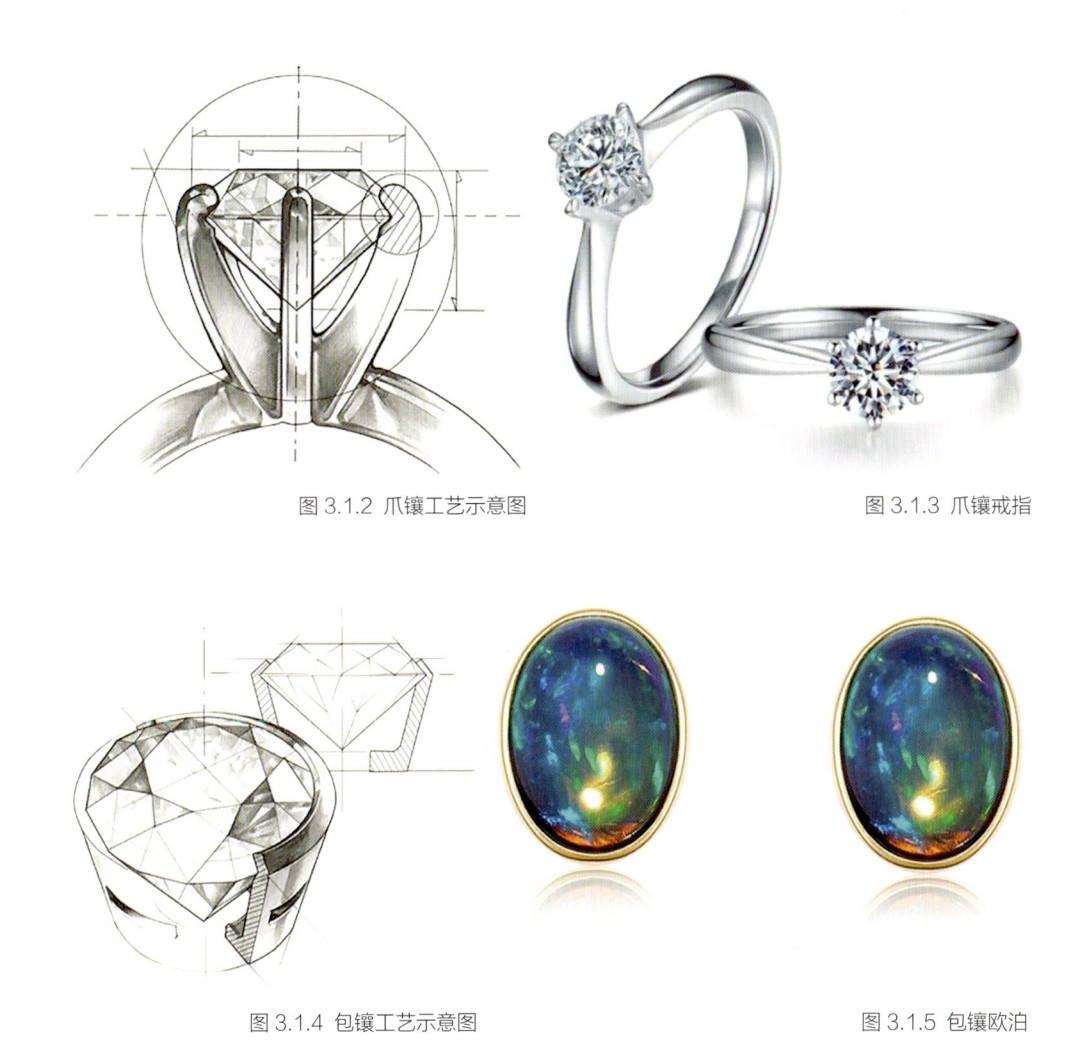

图 3.1.5 包镶欧泊

（一）爪镶工艺

爪镶是最常见、最经典的一种镶嵌方法，用金属爪（柱）来紧紧扣住宝石（图 3.1.2），它的优点是金属很少遮挡宝石，能够最大程度地突出宝石的光学效果，并有利于光线从不同角度入射和反射，令宝石看起来更大更璀璨，其款式的变化和适用性也最为广泛。爪镶不仅适用于刻面宝石，也适用于弧面宝石，因为镶口的四周呈开放状，所以能起到放大宝石尺寸的效果。

根据爪数量的多少，爪镶可以分为两爪、三爪、四爪、五爪、六爪和八爪，其中马眼形宝石常用两爪镶嵌，水滴形（梨形）宝石常用三爪或五爪镶嵌，四爪和六爪在宝石镶嵌中最为常见。（图 3.1.3）

（二）包镶工艺

包镶是指通过推压立起的金属边将宝石的腰围包裹起来的镶嵌方法（图 3.1.4）。包镶的镶口主要是由底部衬片和立起的金属边组成的，金属边能够起到包贴宝石的作用。使用包镶这种镶嵌方式的一般是弧面宝石或者蛋面宝石，它可以更加牢固地固定住石头，因此一般对于大颗粒宝石都会采用包镶的方法，因为这类宝石较大，用爪镶不够牢固（图 3.1.5）。但是由于金属边将宝石的腰部围起来，会使宝石的外露尺寸减小。

(三)埋镶工艺

埋镶也称为澳洲镶,是指使用钢针将镶石边缘的金属沿圆周方向擀压覆于宝石腰围之上,用以固定住宝石的方法(图3.1.6)。埋镶所镶嵌的宝石一般为2分至5分,通常不会大于10分。埋镶不使用齿口直接在金属上打孔,而是在孔口处车出细槽,把钻石嵌入,然后用周围的金属包裹其边缘,出现一圈金属环边,在视觉上有钻石放大的效果。这种镶法难度很大,要求宝石台面和周围的金属在同一平面上,也要求金属托有一定的厚度,能把钻石整个埋在里面,而其亭部的底尖也不能露在外面,这样镶出来的首饰才显得稳重大方。很多结婚对戒上的小钻石都采用这种镶法(图3.1.7)。

埋镶的优点是这种镶嵌方式戴起来非常舒适,又省金属,宝石也比较安全,不容易被碰掉。缺点是宝石埋在戒托中,与戒托表面持平,宝石会被遮住一部分。

(四)轨道镶工艺

轨道镶也是钻戒镶嵌方式中的经典方式,又称为逼镶、迫镶、夹镶或是槽镶。轨道镶可以和爪镶结合,将单颗钻石镶嵌起来,也可以将一颗颗宝石连续镶嵌在金属轨道中,利用在金属托架上车出的沟槽两边的金属张力来稳定钻石,凸显钻石的光芒。(图3.1.8)

轨道镶的第一个优势就是保证宝石的稳定性,属于比较牢靠的宝石镶嵌方式;其次轨道镶能够呈现出宝石台面的美态,不让宝石显得太突兀,宝石和戒托花纹都能完美地呈现出来;最后是轨道镶的钻戒平面比较光滑,在佩戴时不容易磨损衣服。虽然轨道镶的原理容易理解,但事实上轨道镶需要数量较多且形状相合的宝石,并且对工艺要求更高,一般只会在高端奢华的珠宝当中应用(图3.1.9)。

图 3.1.6 埋镶示意图　　图 3.1.7 卡地亚埋镶戒指

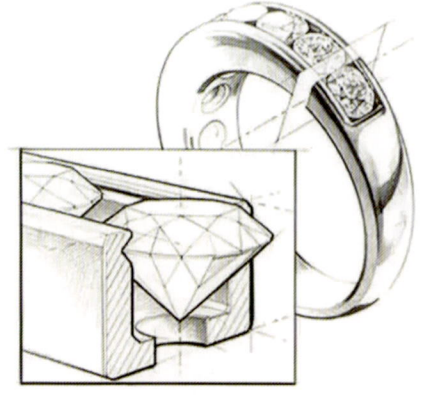

图 3.1.8 轨道镶示意图　　图 3.1.9 轨道镶戒指

图 3.1.10 排镶工艺及戒指

（五）排镶工艺

排镶是将宝石成排成串密集地进行镶嵌，宝石被镶嵌在戒指上的各个孔洞中，使宝石与戒指几乎在同一平面上，常用于女式戒指（图 3.1.10）。排镶的优点是能比爪镶更好地保护宝石，此外，这种镶嵌方式使宝石大部分裸露于外，能产生宝石比实际更大或更多的视觉效果。排镶的缺点是镶嵌时危险性大，因为在镶嵌过程中宝石易被损坏，宝石的固定程度不如上述其他方式，镶嵌的表面也不如上述其他镶嵌方式平整，这种宝石镶嵌工艺适合小颗粒的宝石。

（六）针镶工艺

针镶又称孔镶，是在被镶宝石的合适部位打孔，用黏合剂让宝石与贵金属托上的金属柱粘连在一起的镶嵌方法。这种镶嵌方法常见于珍珠的镶嵌，一些有机宝石和球形、水滴形宝石也可用这种镶嵌方法。该镶嵌方法需要对宝石进行打孔操作，孔的大小和长短主要取决于宝石的大小，打好孔后选择合适的贵金属托进行黏合。有时候会给珠宝打全孔，那就不需要使用黏合剂，直接使用足够长的贵金属针或线穿过宝石，使用铆接或链接的工艺进行连接。如图 3.1.11，这件作品项链部分的珍珠用的是全打孔针镶方式，吊坠部分镶嵌的珍珠用的则是半打孔针镶方式。

图 3.1.11 2020 年诸暨"山下湖"国际珍珠首饰创意设计大赛银奖《时空与生命》

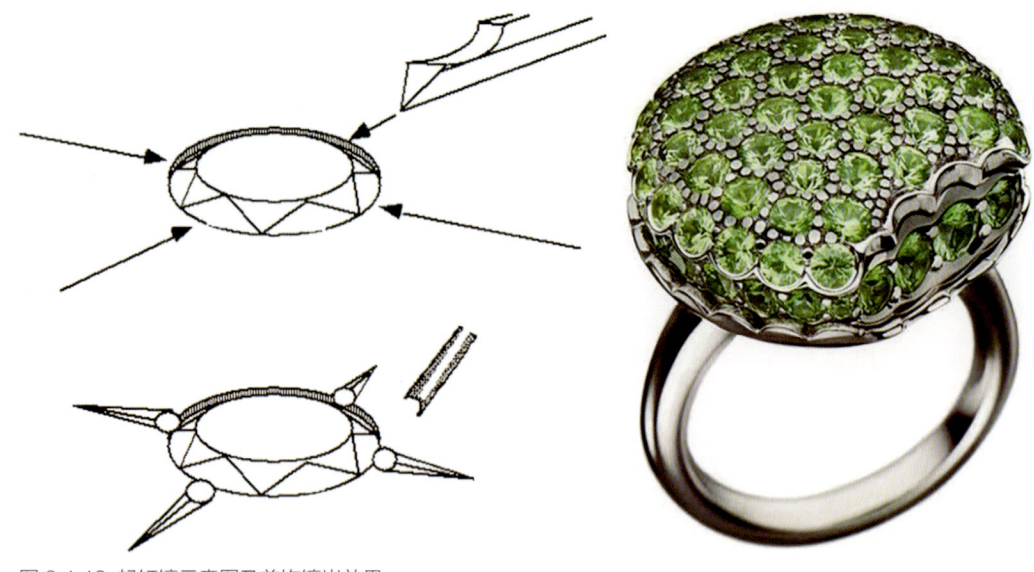

图 3.1.12 起钉镶示意图及首饰镶嵌效果

（七）起钉镶工艺

起钉镶是指使用钢针磨成的小铲铲起金属片，经过进一步铲拨形成聚拢的金属小丘，吸珠后成为顶部圆亮的小钉，再通过对小钉的挤压从而固定宝石的方法。起钉镶根据起钉数量又分为两钉镶、三钉镶、四钉镶和密钉镶。密钉镶也叫群镶，群镶首饰华丽耀眼，营造只见钻石不见金的视觉效果。起钉镶首饰经常需要全部由镶嵌师手工雕琢逐个完成，工艺难度大、技术要求高（图 3.1.12）。

起钉镶常用于小颗粒宝石，就钻石来说，一般不超过 3 分。因为难度较大，所以要求操作者有熟练的操作技巧，同时因为镶石和铲钉的尺寸较小，所以也要求操作者有更好的视力。

（八）无边镶工艺

无边镶，又称"隐秘轨道镶"，是一种宝石与宝石之间没有金属焊接的镶石工艺。这种技术的巧妙之处在于，当俯视作品时，镶口被完全隐藏，看不到凹槽的痕迹（图 3.1.13）。无边镶这种技术极难掌握，首先是宝石的切磨要达到无边无隙的效果，需要技术精湛的切磨师经过精密计算，对每一颗宝石进行特有的精密切割，同时它要求宝石的大小、切工高度一致，误差不超过 3‰，

图 3.1.13 无边镶首饰

其精细程度超过任何切割方式。其次，它的另一难度在于镶托，在饰品的镶托上，无边镶要求最终的贵金属镶托要达到硬度和韧性两方面完美的平衡，以保证宝石获得稳定的抓握力，之后在制模、翻模、铸模、执模、镶石等环节都需要严格按照精确标准执行。

首饰的宝石镶嵌工艺常用的就是以上几种，除此以外，还有槽镶、卡镶、微镶等镶嵌方式，但是基本也是由以上几种发展而来的、有些微小区别的镶嵌方式。

镶嵌工艺里常用到各类打磨针（图 3.1.14），这类打磨针用于打磨机头，形状各异，用途不同，在这里，对这些针头在镶嵌工艺中的功用做以下简单的介绍。

钻针——手用、机用均可，主要用于钻孔以及镶石位底部孔位的开设，其直径一般为 0.2~2.3 mm。

牙针——机用为主，分平头与尖头两类。主要用于将一些凹凸不平的部位扫顺，使得被清理的部位线条清晰，或用来开夹层、穿孔等，也可以用于清洁包镶位置的边边角角。

球针——手用、机用均可，也称波针、菠萝头，形状接近一个球体，直径一般为 0.5~2.5 mm，可用于开镶口位以及开槽位。

飞碟针——机用为主，主要用于爪镶的时候车出爪上的握石位，经验丰富的操作者通常会选择 45°或 75°来开槽。

轮针——机用为主，造型丰富，轮针除了用来开槽位，用于清洁底板上的焊药也很不错。

吸珠针——将一开始预留好的爪柱调整至合适长度后，将爪柱顶端打磨成光滑的圆珠，这样既可以保护宝石不受磨损，也可以使金属顶端圆滑。

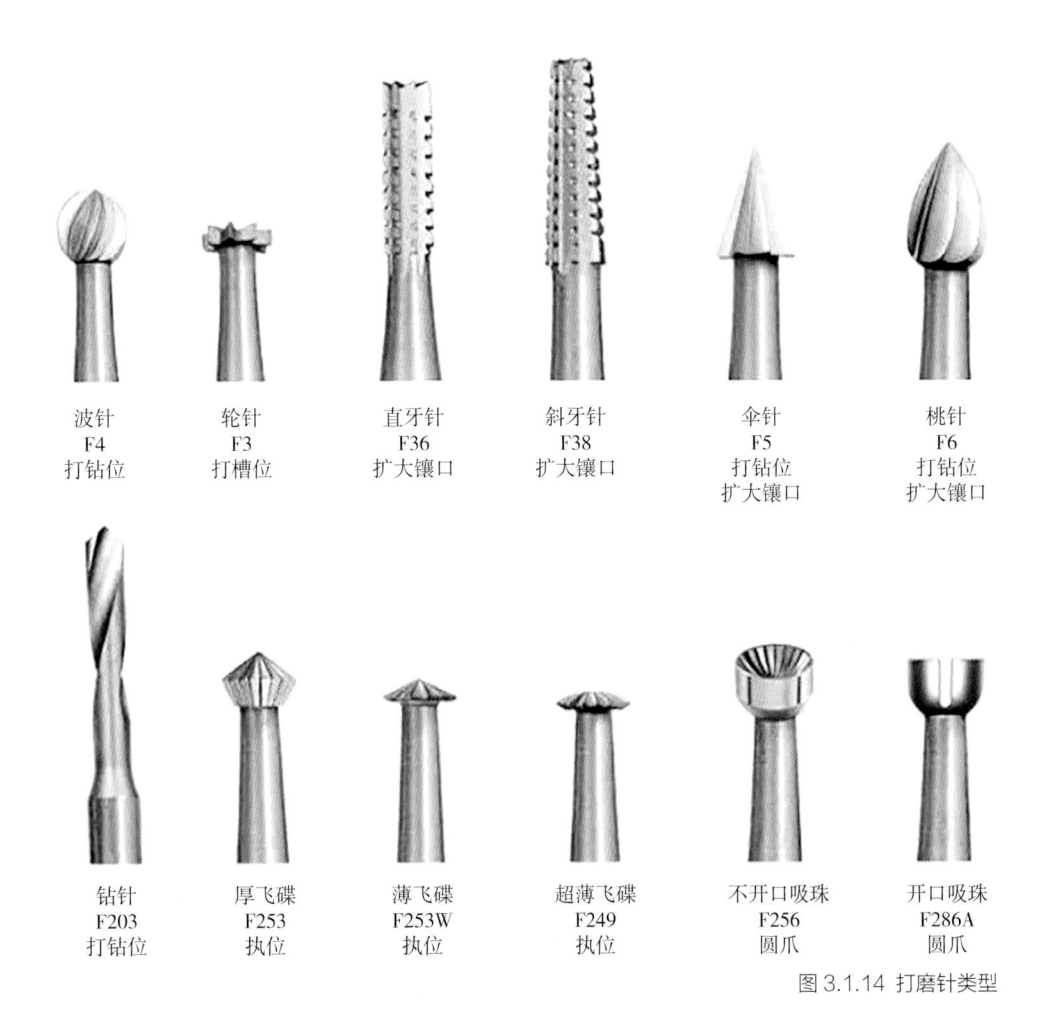

| 波针
F4
打钻位 | 轮针
F3
打槽位 | 直牙针
F36
扩大镶口 | 斜牙针
F38
扩大镶口 | 伞针
F5
打钻位 | 桃针
F6
打钻位
扩大镶口 |

| 钻针
F203
打钻位 | 厚飞碟
F253
执位 | 薄飞碟
F253W
执位 | 超薄飞碟
F249
执位 | 不开口吸珠
F256
圆爪 | 开口吸珠
F286A
圆爪 |

图 3.1.14 打磨针类型

知识拓展：

近些年，宝石镶嵌工艺和切割工艺的创新成为现代首饰设计创新的一大助推力，陈世英的"Wallace Cut 雕刻法"将我国玉雕艺术的雕刻技法引入宝石的琢磨中，打破了西方传统的宝石切割中透明宝石仅作标准刻面切割的范式。年轻高级珠宝设计师丰吉的"双面玫瑰切割"更是打破了宝石切割中保证宝石留有一定深度的底部，以防止宝石出现漏窗的传统，将宝石的全深压缩到了极薄的 1~2 mm，进行双面玫瑰切割。这种宝石切割方式的创新也带来了全新的镶嵌形式——"悬浮镶嵌"，让众多宝石脱离金属蜂巢底座镶嵌，看起来如同悬浮在空中。

二、捶揲工艺

捶揲工艺，也称锻造工艺，是中国早期金银器中最常见的工艺之一，也是最初级最基本的金属加工工艺。捶揲工艺指对金属坯料施加压力使其产生形变，以获得所需造型的金属加工方法，用锤子反复捶打、敲击，直至器形和纹饰成型，古时又称打制、打作（图 3.2.1）。

捶揲利用的是金属的可塑性与延展性，金属在打作时随着作用力可发生形变、挤压，形成纹理或者延展放长，巧妙地借助锤子、铁钻、折子、模型可以捶揲出曲线优美、形态流畅的器物。金工最原汁原味的技术应该就是充分利用金属延展性的捶揲技法了。在首饰金工领域，捶揲的定义是利用锤子的敲击来改变金属的断面形状，没有锉、刮、削除金属，使之保持原来的重量（图 3.2.2）。锤头锤击金属的点为锤击点，而金属下方的铁砧受力处为接触点，金属延展发生在锤击点并向外延伸。使用不同锤头敲锤，有不同的延展状态与方向，了解搭配使用的各种砧铁以及锤子的用法与延展原理，才能随心所欲地进行加工。

捶打时，金属下方必须有坚硬的物件支撑，才能在锤击时支撑金属的变形，这个物件可统称为铁砧。铁砧通常用品质良好的工具钢制作，表面镜面抛光并做过热处理，使表面经得起强力锤击而不至于受伤。铁砧的造型很多，如果有特殊造型需求，也可以自行制作铁砧。下面介绍几种捶揲工艺中常用的铁砧及其他工具。

图 3.2.1 捶揲过程

图 3.2.2 锻造器物

（一）工作桌小平砧

工作桌小平砧（图3.2.3）是小的抛光镜面钢块，四周至少有一角呈锐角，通常放置于工作桌上操作一些铆钉或进行轻的锻造工作。工作桌小平砧的形状有方形及圆形，尺寸通常在 50~100 mm 之间，在进行小件物品的捶打前，为了方便操作也会使用四方砧进行整平。

（二）菇头砧

菇头砧（图3.2.4）顾名思义为圆头状铁砧，其造型多样，这些铁砧统称为菇头砧。菇头砧多用于整平、锻造，有些可固定于木桩，小的菇头砧用虎钳即可固定。

（三）平底砧

平底砧（图3.2.5）是用于容器、盘碟等器皿类的底部整平的铁砧，因此也必须是抛光铁砧，平底砧有方形、圆形、椭圆形等。

（四）T形砧

T形砧又叫角砧（图3.2.6），为两端有不同造型的多用途的铁砧，固定于木桩，可用于弯折、锻敲、锻造、整平等。

图 3.2.3 工作桌小平砧

图 3.2.4 菇头砧

图 3.2.5 平底砧

图 3.2.6 T形砧

图 3.2.7 木桩

图 3.2.8 金属锻造锤

（五）木桩

木桩稳固并可以吸收锤击力道，力道不会反弹，因此需要强力锤击的锻造最好选择木桩来固定铁砧（图 3.2.7），有些铁砧下方呈现倒梯形，就是为了固定于木桩。另外，也可以在木桩錾凹槽，做锻打凹形的操作，以此类推，木桩可以雕錾不同造型的凹槽作为成型时的支撑，这样可增加木桩的多样功能。

（六）锤子

锤子的形状、大小、纹样等因素会对金属的成型产生决定性的影响。操作时我们需要反复对金属进行退火，原因是退火后，金属的硬度降低，比较容易锻造。在金属表面敲制肌理时，也需要先给金属退火，一般退火后，用锤子对放在垫底钢板上的金属进行敲打。锤子用实心且有一定厚度的钢块制成，这样制作出来的纹理比较清晰。（图 3.2.8）

复杂的器物，如口小腹大的瓶子水壶类器皿，一般是分成上下两部分捶揲，也可分为多个部分捶揲，最后将各部分焊接或铆接在一起，打磨光滑。不同于繁复的华丽之美，简洁的器物表面富有肌理的变化，使得金属少了冷冰冰的感觉而多了人文的温度。

锤子作用于金属的力量可以使得器物造型根据铁砧的形状向内或向外弯折变化，锤子、窝錾等成型工具的使用也影响着器物成型。捶击点的把握是金属锻敲成型时的重要控制，不同的敲击点直接影响着成型效果。

锤纹是指借助锤子表面的凸凹形状，捶打作用在金属上而产生的纹理（图3.2.9），打造金属时一定要选择合适的锤子，锤子的形状、大小、纹样等因素会对金属的成型产生决定性的影响，特殊锤子的纹样也可以由操作者自己磨制或者定制。

（七）工具的养护

铁锤、铁砧很容易因为湿气而生锈，铁锈会侵蚀铁块造成孔洞，而这些孔洞所造成的不规则表面在敲击过程中都会转印到金属上，因此必须

图 3.2.9 金属表面的锤纹

保持铁锤、铁砧的表面光亮。要定时保养铁锤、铁砧，在使用完毕后擦拭干净并喷以防护油隔离空气，长时间不用时还必须以厚保鲜膜、油布或油纸包裹住。万一铁锤、铁砧生锈则需进行抛磨处理，轻微的锈蚀可先喷以防锈油，数十分钟后，以铜刷刷除，再用布轮及抛光土抛光。而严重锈蚀状况，则需以手持式抛磨机装以砂纸盘进行粗抛，视严重程度选择粗细不同的砂纸，最后再进行抛光处理。

三、錾刻工艺

錾刻工艺是中国传统而又古老的金属加工工艺之一，是指工匠敲击錾子，在金、银、铜等金属上錾刻出浮雕或阴线图案的一种工艺。錾刻工艺的造型，分为平面的片活和立体的圆活（图3.3.1），片活是平装在某些器物上或悬挂起来供人欣赏的，例如浮雕画；圆活则多作为实用器皿使用，例如碗、盘、壶、首饰等。

錾刻工艺的核心是"錾活"，操作时使用的主要工具是各式各样的錾子。这些錾子大多是自制的，用工具钢或弹簧钢打制，先裁成长约10 cm的钢段，钢料过火后将其前端捶打、锉磨出所需要的形状，经淬火处理，并在油石上反复打磨、调试，使之合用。最常用的錾子有大小不等的勾錾、直口錾、双线錾、发丝錾、半圆錾、方踩錾、半圆踩錾、鱼鳞錾、鱼眼錾、豆粒錾、沙地錾、尖錾、脱錾、抢錾等10多种。另外，还要根据加工对象的不同，随手打制一些其他种类的錾子（图3.3.2）。

錾活时，需将加工对象固定于胶板上，方可

图 3.3.1 左为錾刻片活，即金属浮雕；右为錾刻圆活，在器物表面錾刻

图 3.3.2 各式各样的錾子

进行操作。胶板一般是用松香、大白粉和植物油按一定比例配制后敷在木板上，使用时将胶烤软，铜银等工件过火后即可贴附其上，冷却后方可进行錾刻，取下时只需加热便能脱开。

錾刻板料的制备无论是金银还是铜板，传统操作中，都是把碎料装入坩埚中熔化去除杂质铸为坨锭，而后反复过火，用锤捶打成合适的板料。錾活用的板料薄厚，依作品的大小而确定，最常用的厚度是在 0.5~2 mm，过厚的板材使用时踩和抬都有困难，太薄则容易錾漏。

铜焊和银焊均属于大焊，焊药有老嫩的区别。将银和黄铜放入坩埚熔化，再用钢锉锉成粉状，老焊药以银 8 铜 2 的比例掺和，嫩焊药以银 6 铜 4 的比例掺和，之后放入小铁锅中加水和硼砂熬化而成。在大焊中工件有时需分先后步骤进行，先分段焊合后再总体焊接，先焊的部分要用老焊药，熔开的温度要高些；后焊的部分则用嫩焊药，可在焊接中避免前面的焊缝开焊。

摹绘图案通常是直接用毛笔或铅笔画上去，工作进行较慢，如果在一件作品上有重复出现的图案，为了使之整齐划一，可用过纸样的方法来操作。具体做法是先把装饰图案按原比例画在纸上，而后将纸放在锡坨上，用小刀或"脱錾"将纹饰以外的部分"脱"去，即做成纸样，看上去如同民间艺术中的剪纸。使用时将纸样蘸水贴在器件上的相应部位，取一支蜡烛点燃，用蜡烛上的黑烟熏在纸样上，待纸样上的水分蒸发后剥落下来，纹饰便清晰地过到"库坯"上去了。

对于一些传承久远的技艺来说，工匠在做有些固定样式的器物时，纹样都已经烂熟于心，所以对他们来说，錾刻时不见得都需要放样这一步，一般先用勾錾在板料上仔细雕刻线条，然后敲出大体的形状，在此基础上进行细节的处理。细节处理时主要是看錾刀的功夫和手指技巧的变化运用，指力、腕力、腰力及运气融为一体（俗称"三力一气"），形成行云流水的操作过程。因不同匠人指法技巧的差异，錾刻出的每件图纹均不相同。

2014 年北京 APEC 会议期间，送给各国元首的国礼中有一个金色的果盘，里面放了一块柔软的丝巾。让各国元首百思不得其解的是，当自己情不自禁地伸手去取丝巾时，丝巾却纹丝不动，原来是古老的中国錾刻技术给各国元首开了一个小小的玩笑（图 3.3.3）。

图 3.3.3 "和美"纯银丝巾果盘，2014 年 APEC 国礼，北京工美集团设计制作

从首饰设计的角度来说，在设计时灵感创意固然重要，但是工艺的使用同样重要，一些知名的珠宝品牌如梵克雅宝、卡地亚等，除了巧妙的设计，其工艺也是精湛与独特的。而錾刻作为传统工艺的一种，如果能在传统的基础上，根据当代首饰设计的需求进行改进与提高，那一定可以创造出不同凡响的珠宝首饰。

老的錾刻工艺，一锤一刀，有形有痕，在新时代的创新设计中，每一击也将会绽放光芒。

四、花丝镶嵌工艺

中国的传统手工艺一直都有种让人惊艳的魅力，其中"花丝镶嵌"堪称中华民族的千载古艺，从古时一直活跃到现在，可以说是首饰工艺界的活化石。它的工艺虽然古老，但其精致、细腻、华丽的特色代表了传统工艺与珠宝文化的巅峰境界，"采金为丝，妙手编结，嵌玉缀翠，是为一绝"，说的就是花丝镶嵌工艺。

花丝镶嵌又叫"细金工艺"，它在金、银等材料上镶嵌各种宝石、珍珠，或用编织技艺制造而成（图3.4.1）。花丝镶嵌分为两类，花丝是把金、银抽成细丝，用堆垒、编织技法制成工艺品；镶嵌则是把金、银薄片锤打成器，然后錾出图案，镶以宝石而成。除此之外，它还经常与点翠工艺相结合，即把翠鸟的蓝绿色羽毛贴于金银制品之上，效果更加惊艳。

花丝镶嵌艺术品的美感和奢华往往体现在细节的处理上，清代很多宫廷艺术品，为表现其身份与财富的象征意义，往往使用金丝点缀其间，花丝匠人们以头发丝上雕花的精细，将原料的材质美表现到极致。

为什么说花丝镶嵌是活的珠宝工艺历史呢？因为早在春秋战国时期，花丝工艺就已经有了萌芽，当时的错金银工艺为金银细丝工艺的发展提供了基础，历经元、明、清三代，北京形成了全国最大的花丝制作中心。明代花丝镶嵌集传统花丝、镂雕、錾刻、镶嵌技术之大成，奇巧细致，发展达到鼎盛。

花丝镶嵌的工艺传承古老，其精致、细腻、华丽的特色代表了传统工艺与珠宝文化的巅峰境界。它选用柔韧性和延展性强且色泽美观的金银，经过反复淬炼，运用锤子、钳子、剪子、镊子制作成需要的花丝原料形状后，再相互编织形成空当均匀、疏密一致的珠宝粗坯，接着再将金丝堆垒成镂空状的立体感的装饰，最后再镶嵌上华贵的宝石。由于用料奇珍、工艺繁复，因此花丝镶嵌向来被称为"燕京八绝"之首。

花丝镶嵌的基础是花丝。花丝拉制前，要将银条放在轧条机上反复压制，直到成为粗细合适的方条后，才能开始正式的拉丝（图3.4.2），专用的手工拉丝工具称为拉丝板，上面由粗到细排

图 3.4.1 花丝镶嵌手镯

图 3.4.2 拉丝板制丝

列着四五十个不同直径的眼孔。眼孔一般用合金和钻石制成,最小的孔比头发丝还要细。在将粗丝拉细的过程中,必须由大到小依次通过每个眼孔,不能跳过,有时需要经过十几次拉制才能得到所需的细丝。最初拉制的银丝表面粗糙,要费很大力气,经过几次拉制后才逐渐变得光滑。

表面光滑的单根丝被称为"素丝",经过一定的加工,搓制成为各种带花纹的丝才可以使用,"花丝"之名由此而来。最常见的花丝是由两三根素丝搓成的,这也是最简单、最基本的样式。更复杂的还有拱线、竹节丝、螺丝、码丝、麦穗丝、凤眼丝、麻花丝、小辫丝等林林总总近20种,分别应用于各类作品的创作。

花丝为骨,镶嵌做饰,花丝之后,更需要妙手镶嵌,来为首饰缀上华贵的宝石。具体步骤则是用挫、锼、摏、闷、打、崩、挤、镶等技法,把金、银薄片摏打成器,然后錾出花纹图案,接着将金属片做成精致的托槽或爪子形的槽,然后将珠宝翠钻、精石美玉等镶嵌点缀,再把金银、水晶、白玉和彩琉璃等组合在一起。

有的花丝镶嵌首饰还以点翠、烧蓝为装饰,神宗皇后的凤冠就是用点翠和花丝相结合的技法制成。昌平定陵出土的明代孝端皇后的六龙三凤冠(图3.4.3)由于镶嵌了128颗宝石、5449颗珍珠,并采用了点翠及烧蓝等技巧,更被公认为我国体现花丝镶嵌工艺最高境界的首饰之一。在皇室匠人的心血浇注下,花丝镶嵌独占中国封建王朝宫廷技艺至高点2000余年,是活跃于紫禁城深处的最美记忆,花丝镶嵌首饰成为现代人梦寐以求的"传家宝"之一。

图 3.4.3 明代孝端皇后的六龙三凤冠

定陵出土了一件金丝翼善冠（图3.4.4），这顶皇冠薄如轻纱，精妙绝伦，代表了明代最高的花丝工艺，是万历皇帝生前的心爱之物。冠重826克，构思精巧、选材珍贵，由518根直径0.2 mm的金丝编制而成，网眼疏密一致，无接头、无断丝，两条金龙则由花丝堆垒而成，栩栩如生，精妙绝伦。

金瓯永固杯（图3.4.5）是央视《国家宝藏》第二季中的明星文物，寓意大清的疆土、政权永固。小小的一只杯子，包含八卦的神秘，日月的交替和四季的变化，是北京故宫小型珍品类的镇馆之宝。

花丝镶嵌制作技艺无论造型设计、花色品种以及工艺技法均达到了很高的水平，具有很高的历史、文化和科学价值。从古时到现在，花丝镶嵌走过了千年的历史，但是它并没有被时间所埋没，反而大放异彩，成为今天珠宝工艺中不可或缺的一部分，让世界感受到来自中国的华贵璀璨之美。

知识拓展：

世界各国的花丝工艺

考古发现，从前3000年起，细金工艺品就被人类纳入珠宝艺术品行列，在土耳其的米迪亚特市，有一种使用金银丝的加工工艺称为"telkari"，从1660年到19世纪后期，这种工艺在意大利和法国曾盛极一时。时至今日，该地区的工匠们仍在使用这一工艺。

9世纪初，俄罗斯的大师就掌握了花丝这门技术，因此它在俄罗斯也被称为千年艺术。俄罗斯花丝又称为"菲利格"，在俄罗斯，细金工艺不只用来制作珠宝装饰物，还会生产一些日用品，如盘子、花瓶、盒子、杯垫等。

早在13世纪，土耳其的番红花城就是东西方贸易的必经之路，因此这里汇集了众多传统的手工艺人。那时的土耳其拥有最特别的珠宝工艺——花丝，把含银量92.5%的细银线制作成细小的圆形件，焊接在一起使之成为精美的饰品，文化贸易的发展也使这门手艺传入东西方各国。

图3.4.4 明代万历皇帝的金丝翼善冠

图3.4.5 清代金瓯永固杯

印度花丝工艺，在19世纪中期达到顶峰，受到当地贵族追捧，并经常将花丝作品作为送给来访外国政要的礼物。

五、珐琅工艺

珐琅又称"佛琅""法蓝"，是外来工艺名称的音译，由中国隋唐时古西域地名"拂菻"而来。我国古代文献中"佛菻""佛郎""拂郎""发蓝"等词均为珐琅的旧称，是因译名不统一而出现的多种叫法而已，实际上是同一种工艺。明清鉴赏著录中的"大食窑""佛郎嵌""鬼国嵌"等名称，也都是指珐琅工艺的不同制品，明代的景泰蓝（图3.5.1）也是珐琅工艺。

珐琅在中国已有600多年的历史，其雍容华贵的造型、绚丽的色彩、寓意吉祥的纹饰、超凡脱俗的展现手法，至今仍魅力不减。珐琅工艺虽然源自阿拉伯，但自元代传入中国后，很快便被赋予了中华民族的传统风格，具有鲜明的民族风格和深刻的文化内涵，成为中国工艺美术史上的一朵奇葩。

珐琅是以矿物质的硅、铅丹、硼砂、长石、石英等以适当的比例混合，分别加入各种不同颜色的金属氧化物，经焙烧研磨制成粉末状彩料后，根据不同的工艺，填嵌或绘制于金属胎体上的一种艺术创作过程。珐琅的基本成分与陶瓷釉、琉璃、玻璃（料）同属硅酸盐类物质，我们习惯将附着在陶或瓷胎表面的称为"釉"，附着在建筑瓦件上的称为"琉璃"，而附着在金属表面上的则称为"珐琅"。

珐琅工艺的制作分类很多，一般根据制作方法和胎地种类进行分类。

（一）按制作方法分类

1. 掐丝珐琅

掐丝珐琅又可以叫作铜胎掐丝珐琅、嵌珐琅、珐蓝，是国家级非物质文化遗产。掐丝珐琅就是俗称的景泰蓝，明代景泰年间的制品尤为著名，因此有景泰蓝之称。其制作工艺一般是在金制或者铜制的胎型上，用金丝或者铜丝掐出种种繁复多样的花纹图案，并填充进色彩各异的珐琅釉料，

图 3.5.1 景泰蓝工艺品

如柿红、翠蓝、深绿、葡萄紫等，经过焙烧、研磨、镀金等多道工序之后，一件色彩夺目、华丽斑斓的珐琅器具就形成了。

2. 内填珐琅和錾胎珐琅

内填珐琅是珐琅工艺的一种全新突破，这种工艺不再使用金属丝掐丝作画，而是直接在金属质地的胎底上压出花纹，压模法和剔刻法是内填珐琅常用的两种制作手段。在凹进去的花纹处填以珐琅釉料，经过一系列后道工序最终烧制成型（图3.5.2）。内填珐琅和掐丝珐琅在釉料使用上的区别是，内填珐琅以透明釉料为主，而掐丝珐琅以不透明釉料为主。

錾胎珐琅和内填珐琅工艺非常类似，唯一的区别在于内填珐琅只在金属凹槽内填涂珐琅，可以使用不透明釉料，而錾胎珐琅则需要在整个金属表面筛涂透明釉料。如图3.5.3所示，戒指上的深色纹路为内填珐琅，由于层体较厚，所以颜色较深。

3. 透明珐琅

透明珐琅的别称有透光珐琅、透花珐琅、镂空珐琅等。这种珐琅技艺兴起于錾胎珐琅衰落的时候。与先前介绍的珐琅技法不同，透明珐琅并不需要金属胎体，它的制作工艺通常是用金属丝组成透光的框格，以铜片或者铝片作为托片。在托片处填入珐琅釉料，烧制完成之后再将托片去除。最终的透明珐琅成品经过打磨之后，当阳光透过时，将呈现出犹如彩色玻璃的效果（图3.5.4）。拉利克是被称为"玻璃大师"的珠宝巨匠，他最擅长以透明珐琅工艺打造透明轻盈的珠宝作品（图3.5.5）。

图3.5.2 清内填珐琅累丝石榴形盒

图3.5.3 錾胎珐琅首饰

图3.5.4 透明珐琅器物　图3.5.5 拉利克的透明珐琅首饰

4. 画珐琅

画珐琅别名洋瓷，经过多年的发展，除金属胎体的画珐琅之外，还延伸出了瓷胎画珐琅、玻璃胎画珐琅等。清代，西洋珐琅从广州传入中国，广州生产的珐琅俗称"广珐琅"，是朝廷的贡品，其中最著名的是画珐琅（图3.5.6）。画珐琅有个更为人熟知的名字——微绘珐琅，是将珐琅当作颜料在胎体上进行绘画。它的重点就在于"画"，制作过程是先在胚盘之上覆盖一层抗变形珐琅釉料，之后由珐琅师通过貂毛笔，借助显微镜在胚盘之上画上数层彩色釉料，绘制出精美图案后进行烧制。画珐琅现在多用于制作珐琅腕表（图3.5.7），想要画出精美的表盘图案，极其考验珐琅师的经验和技术。一幅完整的画作通常需要珐琅师调配出几十种甚至百种色调，仅制作珐琅表盘耗时就往往长达几十甚至上百小时。

（二）按胎地种类分类

珐琅的胎地有很多种，常见的有铜胎珐琅、金胎珐琅、玻璃胎珐琅、瓷胎珐琅以及紫砂胎珐琅等。不同胎地的珐琅在制作技艺上没有明显差别，制作流程都是以胎地作为依托，点施珐琅彩并烧制。金属胎体是珐琅器中最常用的，富丽华贵的外形特点使其深受封建社会上层阶级人士的喜爱，这种珐琅器制作工艺复杂、成本高昂、技术难度高，在明清时期是上供御前的珍品。民间流传最为广泛的是铜胎珐琅，相较于其他金属材料，铜胎在造价成本上更加低廉，铜与珐琅也更加容易结合，从技艺操作层面讲，降低了珐琅器的制作难度。

时光流转，如今的珐琅早已脱去"皇家专供"的外衣，渐渐成为首饰界的新宠，丰富的色彩和亮丽的光泽，满足了我们对首饰色彩天马行空的想象。珐琅首饰也叫珐琅彩首饰，这种工艺在中国广东俗称"烧青"，在北京俗称"烧蓝"，在日本叫作"七宝烧"。珐琅首饰的色彩非常绚丽，具有宝石般的光泽和质感，耐腐蚀、耐磨损、耐高温，防水防潮，坚固结实，不易老化、不易变质，历经千百年而不褪色、不失光。明清时期从欧洲进口的珐琅表，已历经数百年，如今看上去仍然光色如新，瑰丽无比，可以说珐琅饰品在珠

3.5.6 清康熙铜胎画珐琅果盘盒

3.5.7 雅克德罗艺术工坊系列：雄狮微绘艺术腕表

宝家族中的艺术表现力是最强的。于设计师而言，这是一场色彩与温度的"游戏"，更是一门精工与巧思的艺术，无论是配色的讲究还是对温度的精准把控，都是对极致匠心的考验。从釉料的烧制到点蓝与烧蓝的技巧，火候、时间的微小差异都会导致颜色的变化。在烈烈火光之中，珐琅经过多次煅烧之后"涅槃重生"，高饱和度的颜色和精美的图案往往令人狂喜惊叹。

图 3.5.8 所示的梵克雅宝珐琅花卉胸针是一款錾胎珐琅首饰，叶片上的深绿色为内填珐琅，整个叶片表面又覆盖着一层透明的珐琅釉料，生动自然。内填珐琅和錾胎珐琅是目前首饰中使用最广泛的珐琅工艺技法，透明珐琅的首饰虽然通透轻盈，精美异常，可因为珐琅釉料有怕摔怕磕碰的特性，所以画珐琅的首饰相对来说较难保存，佩戴时需要小心爱护。而内填珐琅和錾胎珐琅相对来说有金属底的承托，结实程度大增。珐琅首饰不怕水、耐高温，也不会变色，但是硬度不高，在摩氏 5 到 6 之间，所以会比较怕摔，佩戴时要注意少磕碰。

珐琅工艺在我国拥有悠久的发展历史，其灵活多变的样式，让自身在发展过程中不断融入时代之思，展现出历史的印记。作为非物质文化遗产，现如今珐琅工艺已经越来越多地受到人们的重视，其浓厚的文化气息也吸引了越来越多的青年人加入这场文化传承保卫战之中。了解传统、了解历史是发扬珐琅工艺最本质的核心。通过融合现代美学设计理念，珐琅文化将再次焕发出勃勃生机，现代珐琅首饰设计也将以传统为根，以创新为叶，得到更好的发展。

六、点翠工艺

点翠工艺，是一项产生自汉代的中国传统金银首饰制作工艺，它是首饰制作中的一个辅助工种，起着点缀美化金银首饰的作用。翠，即翠鸟的羽毛，它由于折光而显得翠色欲滴，翠鸟因此而得名（图 3.6.1）。点翠工艺也正因这绮丽夺目的羽毛而美名远播，虽然没有宝石的炫亮华丽，但是点翠工艺制成的饰物，自有一种艳丽拙朴之

图 3.5.8 梵克雅宝珐琅花卉胸针

图 3.6.1 翠鸟

首饰艺术

图3.6.2 焕鸾古典珠宝工作室的点翠作品

美，体现了东方饰品注重细节、讲求工艺的精细含蓄之美。

点翠是中国传统的金属工艺和羽毛工艺的完美结合，先用纯金或鎏金的金属做成不同图案的底座，再把翠鸟背部亮丽的蓝色羽毛仔细地镶嵌在底座上，以制成各种首饰器物。这些图案上一般还会镶嵌珍珠、翡翠、红珊瑚、玛瑙等珠宝玉石，越发显得典雅而高贵。用点翠工艺制作出的首饰，光泽感好，色彩艳丽且持久。

点翠工艺的发展在清代康熙、雍正、乾隆时期达到了顶峰，其高超的技艺水平和不朽的艺术价值，充分体现了古代劳动人民的卓越才能和艺术创造力。

据《珠翠光华——中国首饰图史》记载，翠羽的获取方法是"用小剪子剪下活翠鸟脖子周围的羽毛，轻轻地用镊子把羽毛排列在底托上"。翠鸟体态娇小，羽毛柔细，即使制作一件精巧的首饰也要牺牲许多美妙的小生灵，并且翠鸟现在已是国家保护动物，因此点翠工艺也成了首饰传统工艺中质疑声最大的一种。

其实从某种意义上说，这个行业的从业者比社会大众更在意原材料的可持续性和争议性，因为一种工艺能否得到发展与传承，和原材料本身也有很大的关系。点翠艺人们也希望能够改变材料的争议问题，但是转变需要过程，首先就是大众的观念问题，点翠工艺已有2000多年历史了，"翠羽为上"的观念根植在大众心里，要更改消费者的产品需求就要先改变他们的观念。

焕鸾古典珠宝工作室从2016年开始就在做改变大众观念的铺垫，每一年做一些改变，让大众能够逐渐接受其他羽毛做出来的珠宝，并且在2018年推出了第一个完全由非翠羽羽毛镶嵌的珠宝系列（图3.6.2），其使用的鸟羽均为农业副产品比如家禽或宠物脱落的羽毛，在法律、道德上都没有争议，在行业内外也得到了认可。

点翠其实就是一种能永葆羽毛色泽的特殊羽镶工艺，但因对翠鸟带来毁灭性伤害而染上了血色，也因此走入困境。这门历史悠久的技艺正处于一个关键时刻，若不愿就此湮灭于历史之中，就需要摆脱道德困境，寻找替代翠羽的材料和工艺，通过"转型"来继续发展。

点翠因翠羽而繁荣，也因此而受限。它以翠羽为核心，羽毛的处理、贴羽的胶水、贴羽的工艺、饰品的设计等都围绕其展开，这些种种成就了点翠的永葆青翠之美，但也使这门工艺过分依赖材料而存在局限。一项技艺要传承下去，离不开材料、工艺和美学的创新，更离不开市场的支持。诚然，人们虽呼吁寻找翠羽的替代品，但也普遍认为寻常羽毛"难登大雅之堂"，仅供平日消遣之乐，难担"珠宝"之名。尽管前路坎坷，但仍有点翠守艺人在勇敢探索。

人们将目光投向了以奈利·索尼尔大师为代表的羽镶艺术，试图将点翠延伸向羽毛镶嵌，留"点"而换"翠"，将其转化为一种无害的、独具东方元素的羽镶工艺。羽镶是一门将羽毛镶嵌于底座，从而打造艺术品的技术，其过程包括筛选、洗涤、蒸汽定型、修剪和镶嵌，每一步都需要极其精湛的手法和极好的耐心。以羽镶为引，点亮传承之火"转型"无疑是一个巨大的挑战，它并非简单的原样照搬。守艺人在借鉴羽镶技术的同时，还需守住技艺中的文化精髓，保留点翠本身的东方特色风格，才能不失本真，成功蜕变。

伯爵首饰在2017年推出的Sunlight Journey

系列高级珠宝,其中一款挂坠除了镶嵌了一颗产自斯里兰卡的 45.94 克拉的星光蓝宝石外,还在蓝宝石下方采用了羽毛镶嵌工艺装饰,点缀小颗钻石(图 3.6.3)。

图 3.6.4 这款玫瑰金戒指同属于伯爵 Sunlight Journey 系列,镶嵌红色尖晶石、紫色蓝宝石和钻石,均采用榄尖形切割,打开戒面还可以看到羽毛镶嵌工艺制作的图案。

留"点"而换"翠",是一次艰难且坎坷的"转型",它需要"守艺人"敢于探索的勇气,更需要时间和众人的理解。

图 3.6.3 伯爵羽镶工艺项链

图 3.6.4 伯爵羽镶工艺戒指

图 3.7.1 钛金属首饰

七、钛金属首饰工艺

300 多年前,人类在地球上发现了一种未知元素,德国化学家克拉普罗特用希腊神话中泰坦神族的名字来为它命名,它就是钛。在与珠宝相遇之前,没有人能想象这种银灰色调的金属能够幻化出如此多的美好。钛金属因其坚硬又轻盈的质地,在航空航天领域得到广泛的应用,因此也被称作"太空金属"。不仅如此,钛耐高温、耐低温、耐腐蚀、抗强酸强碱。在常温下,就连金也要低头的王水也拿它没办法。同时它也是唯一一种对人类自主神经没有任何影响的金属,具有超强的"亲生物性",是制作"人造骨骼"的首选材料,因此被广泛地应用于医学领域。

直到艺术家与它相遇,钛才真正幻化出无穷尽的可能性,成为美的成就者。与其他金属不同,对于钛来说,多彩才是它的代名词。钛在常温下呈银灰色,但是通过温度或电压变化可以使钛的表面呈现出五颜六色,这是其他贵金属所不能媲美的。并且它不同于在贵金属表面镀色或镀漆,使用久了或者划几下就掉色,钛不会褪色,这种多彩性给了设计师更多的可能性。通过电解工艺,钛可以幻化出各种神奇的色彩,大大弥补了传统珠宝金属黄白红三大色系的局限性。(图 3.7.1)

其"着色"原理是：将钛置于电解液中，通上一定量的电流，其表面便会电解产生一层氧化膜，而通过控制氧化膜的厚度，便可改变颜色。这层致色氧化膜比钛金属更加坚硬，比电镀有更高的硬度和更强的结合力。通过这种方法，钛金属的着色可以从白色演变为墨绿色，从紫色延展至黑色，如调色板般，变化无穷，应有尽有。

众所周知，高级珠宝领域一直是黄金和铂金等贵金属的天下。黄金韧性有余，坚硬不足，且在制作较大的穿戴首饰时，重量往往会超过人体承受的限度，造成佩戴的不适。而钛的比重仅为 4.5，重量只有同体积黄金的 1/5，熔点更是高达 1668 ℃，具有极强的稳定性。作为东方最早一批将钛金属工艺使用于高级珠宝设计的珠宝艺术家，陈世英曾经说："对我来说，黄金这种材质的局限很大，你没办法做到随心所欲。比如我做一件作品，如果使用黄金材质打造，它的重量会是钛的 5 倍，太沉了根本没办法戴，为此只能改变设计。而同等体积下，黄金和钛的重量比是 5 : 1，有了更轻的骨架，我才能随心所欲地完成更多艺术创作。"（图 3.7.2）

这听起来是一件容易的事，而实际操作起来，技术难度却相当之高。虽然人们早在 300 年前就发现了这种金属，但将它用于高级珠宝的创作中却是最近 20 多年的事。哪怕是现在，能将钛金属灵活运用于高级珠宝设计中的艺术家和工匠也屈指可数。但无论怎样，钛金属的出现为设计师们的创作提供了更广阔的空间。它仿佛为珠宝解锁了一门独家秘籍，让珠宝艺术展开了自由的翅膀，翱翔天际，璀璨无边。

华人珠宝设计师赵心绮也是一位善于使用钛金属创作首饰的艺术家，同时，她还是一位优秀的首饰雕蜡大师。正因为她喜欢雕制体积感、立体感都很强的首饰蜡模，所以她的作品使用钛金属可以很好地减轻总体重量。自 2010 年起，赵心绮就着手研究这种坚硬、高度抗磨损又轻盈的材料，直至 2012 年才完成了她的首件钛金属作品《重生蝴蝶》（图 3.7.3），而这件作品让她在日内瓦佳士得拍卖会上一举成名，成为此次拍卖品中的一匹黑马。她在 2021 年于上海的复兴博

图 3.7.2 陈世英的钛金属首饰

图 3.7.3 赵心绮《重生蝴蝶》

物馆举办了一场"无尽之境"的艺术展览，可以说轰动了整个珠宝界。

从她的作品中我们可以看到，使用钛金属不仅可以使金属和宝石的颜色融为一体，更重要的是在高级定制珠宝首饰的设计中大大减轻了首饰的自重。钛金属首饰的制作一般有雕蜡版、铸造、修整、上色等流程。

值得注意的是，钛不属于贵金属，它本身的价值跟黄金、铂金相比较低，而且钛金属的锉磨、修整、焊接都不能使用普通的金工首饰设备，需要很高的技术要求。因此，一些院校的师生或者爱好者在创作钛首饰的时候，一般不采用焊接、锻造的方式，而是使用铆接等冷链接的方式，着重展示钛金属的色彩以及作品所要表达的意义，而不是首饰的奢华和工艺的精细。如图3.7.4所示，新疆艺术学院的马瑞希老师在《造神》这件作品中就利用钛金属工艺的色彩感丰富了作品的视觉语言。

钛金属工艺在操作过程中有以下5个要点：

（1）打磨钛金属时不能用平时打磨贵金属的工具，而要用钻石针锉来打磨。

（2）钛金属的宝石镶嵌是整个钛金属珠宝制作中最具挑战性的步骤，这个步骤考验的是镶嵌师傅对钛金属的性质是否理解到位，因为钛金属比较硬，力度过大会导致钛金属的镶爪断裂，甚至还会导致宝石发生爆裂。

（3）钛金属抛光用的工具和其他贵金属抛光时用的工具不一样，使用工具时的力度、不同时间的转速与其他贵金属在抛光过程中也不一样。在抛光过程中，钛金属受热会导致它的结构随时发生不定向的变化。

（4）钛金属颜色的电镀最重要的就是在电镀前的清洗氧化处理，然后就是时间与电流的把握，只有准确把握每个颜色的电流，才会电镀出黄、蓝、紫、粉红、草绿等颜色。钛金属的上色除了可以用阳极氧化的方法实现，还可以通过用火去烧来实现颜色的变化，火烧钛金属的时候，会明显地看到在不同温度下钛金属有不一样的色彩变化，但是通过火烧呈现出的颜色会褪色，所以目前设计师大多用阳极氧化的方法来电镀颜色。

（5）如果一件作品中没有贵金属，那最后一步就是电镀出成品，但是有贵金属的作品需要先各自电镀后才能焊接，因为钛金属与贵金属刚好是两种特性相反的材料，所以不能焊接在一起电镀上色。

知识拓展：

（1）钛阳极氧化是一种在钛表面形成干涉性氧化钛发色薄膜的技术，钛的氧化膜本身无色透明，但是对光线的反射与折射作用较强。钛自然生成的氧化薄膜没有呈现出颜色，主要是因为自然形成的氧化钛薄膜很薄，通过阳极氧化可以在表面形成较厚的钛氧化薄膜，且不一样厚薄的氧化膜通过光的干涉展现出不一样的色调。

（2）钛阳极氧化生产流程。

脱脂：脱脂是为了更好地去除机械加工后残留在钛表层上的油脂、氧化皮、较大的缺陷等，使其露出无污染的钛表面。

图3.7.4 马瑞希《造神》

酸洗：酸洗是为了露出新鲜的钛基材表面，使阳极氧化后无色斑、产生牢固而稳定的氧化钛薄膜。

阳极氧化：处理好的钛产品作为阳极，放入配制好的电解质溶液中，不锈钢或钛作为阴极，通电后可以看见颜色会随着电压的升高产生不同的变化，如由最初的 5 V 左右的古铜色到 110 V 左右的绿色。

封孔：为了更好地提升阳极氧化膜的抗污性，用流动水清洗去除阳极氧化产品表面的电解质溶液，放入 80 ℃去离子水中进行 20 分钟的封孔。

干燥：封孔后擦去产品表面的水分，放入烘箱中进行烘干。

八、雕蜡工艺

铸造是人类掌握比较早的一种金属热加工工艺，已有大约 6000 年的历史。首饰铸造会用到两种起版方式，除了手工金属起版制作首饰，雕蜡工艺也是首饰铸造工艺中常用的起版方式（图 3.8.1）。其工艺流程是先通过雕刻蜡模或制作橡胶模具得到模型，再将蜡模型熔合到蜡柱上，制成"蜡树"，将金属桶罩在"蜡树"上，然后将混合耐火石膏倒入其中，排气、静置、等干，待石膏变硬后将其中的蜡模型熔掉排出，再通过离心铸造或真空铸造将液态金属液注入，之后将石膏打开，取出物件。

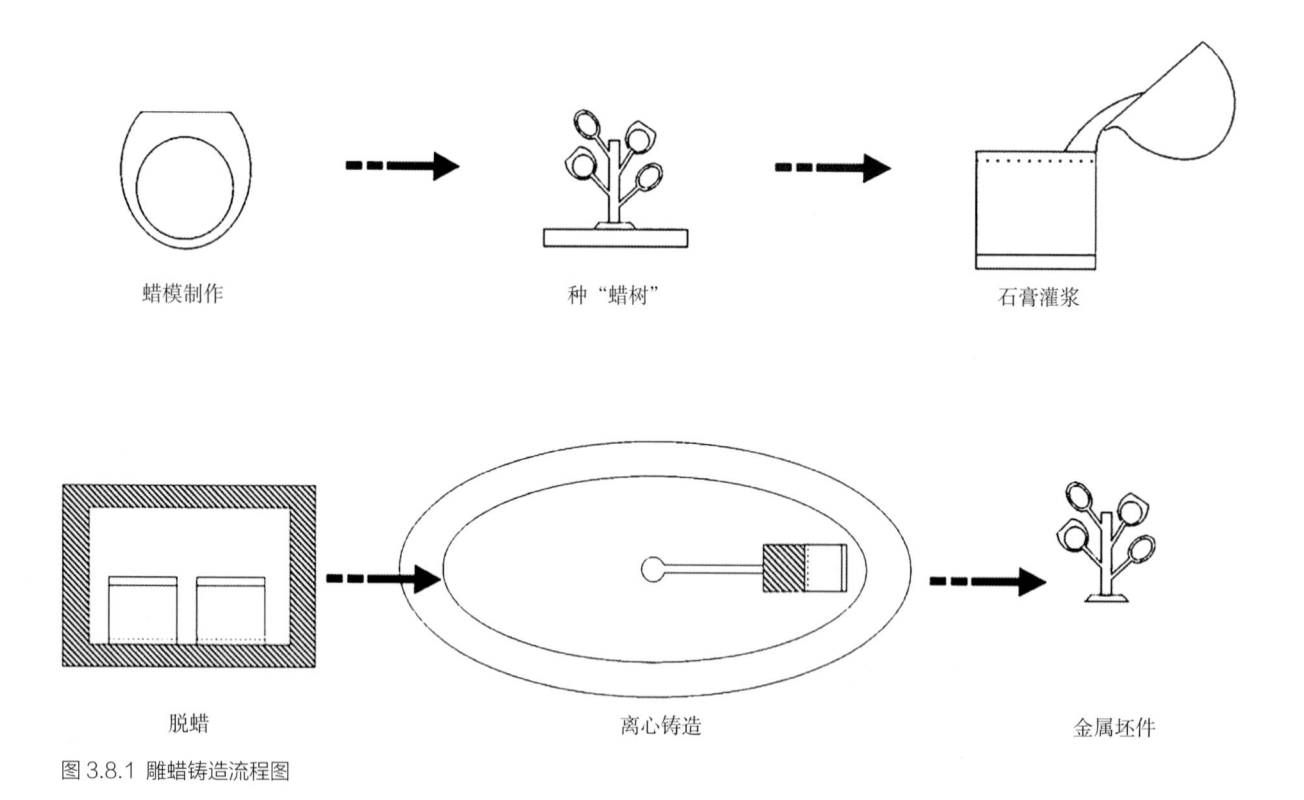

蜡模制作　　种"蜡树"　　石膏灌浆

脱蜡　　离心铸造　　金属坯件

图 3.8.1 雕蜡铸造流程图

（一）硬蜡

（1）块片状蜡：用于雕刻胸针、吊坠等。
（2）孔管状蜡：用于雕刻戒指。
（3）蜡芯：用于制作各种规格、型号、形状的蜡爪。

硬蜡起版在首饰起版中称为雕蜡。硬蜡有足够的硬度，蜡质硬而不脆，韧而不粘，是最常用的起版雕刻蜡，主要用于首饰设计图纸变现，各种工具雕刻、切割、修锉、钻孔等。硬蜡在分割使用时应该使用专业的蜡锯条分割，相比普通的锯条，蜡锯不容易卡住蜡粉。（图 3.8.2）

（二）软蜡

（1）蜡片：有不同的厚度，不同的厚度有相应的用途。
（2）线蜡：用于装饰边及植物茎、脉。
（3）修补蜡：黏土状软蜡，用于修补。

软蜡由于性质柔软，可以直接用手弯曲或利用线蜡来做成各种形状，因此极易拿捏塑造出自然生动的曲线，可激发设计者的灵感。（图 3.8.3）

（三）首饰雕蜡工具

雕蜡工艺对工作台的要求不是太高，如果没

图 3.8.2 硬蜡，从左往右依次为块片状蜡、孔管状蜡、蜡芯

图 3.8.3 软蜡，从左往右依次为蜡片、线蜡

首饰艺术

有金工桌,普通的桌子也可进行简单的雕蜡操作,不过还是建议在实木制的首饰工作台上进行操作练习,因为专业的工作台更适合放置工具、安装吊机,以及收集锉削下来的粉末等。

用于首饰雕蜡的工具主要有:雕蜡刀、手术刀、印泥、吊机与各种打磨牙针、电烙铁(台式、直插式)、蜡锉刀、刷子、机剪、内卡尺等。

(四)刀具的种类

刀是雕蜡中最重要的工具之一,主要用于切割和刮削。切割的刀具有普通的雕刻刀,如美术用品店可以方便买到的木刻刀、篆刻刀、陶艺刀等,较为高级的有牙科专业刀具、雕蜡的首饰专业雕刻刀具。专业雕蜡刀分为雕刻及掏底两类,一般会以套装出售,价格较贵(图3.8.4)。适宜刮削的刀具主要是刀刃比较薄的工具,常用的是手术刀和戒指刨两种(图3.8.5)。手术刀由刀柄和刀片组成,常用刀片有10#、11#、12#3种类型。由于蜡材极其细腻,所以在雕蜡中对于表面处理常常用到刮削的方式,使得蜡材表面平顺光滑。刮削的方法容易掌握,一般将刀刃倾斜于蜡面45°左右,进行同方向刮削。手术刀尖端十分尖锐锋利,很多细节、夹角都可以用刀尖进行雕刻。戒指刨是专用于戒指蜡模扩大手寸(即戒指内圈大小)的工具,上面标有手寸刻度,侧边装有刀刃,采用旋转刨削的方式扩大内圈。戒指刨在使用时需要注意,由于它是上窄下宽的造型。所以在刨削过程中,需要不时调整戒圈的正反方向,以保证戒指内圈两边厚度一致。

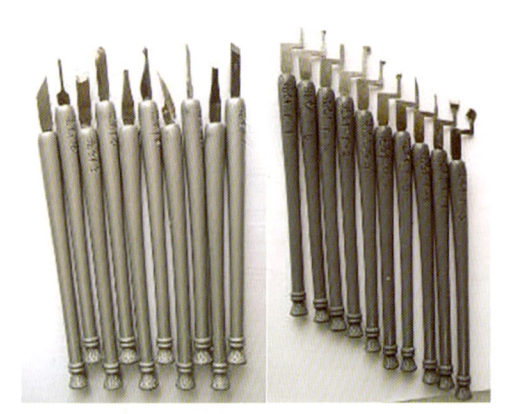

图3.8.4 左为成套雕蜡刀具,右为牙科刀具

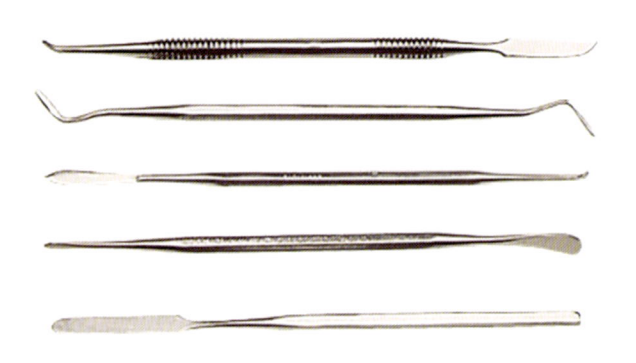

产品名称:	戒指蜡刀尺	精度:	5~12 mm
产品长度:	233 mm	盒装重量:	45 g
测量范围:	测量戒指、手指的大小号数		
产品用途:	本尺用于首饰起版、蜡管雕刻中,以及管内径尺寸修改使用		

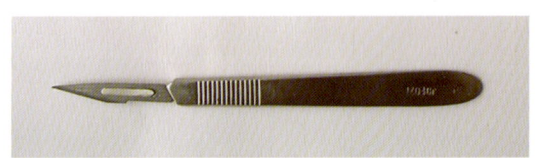

图3.8.5 左为手术刀,右为戒指刨

（五）吊机与各类针头的使用

吊机（图3.8.6）是悬挂式马达的业内俗称，由电机、软轴线、打磨机头、脚踏开关头构成。将吊机悬挂起来，踩下踏板后打磨机头开始旋转，其转速由踏板深度控制。吊机的打磨头是可卸式的，可以拆下另行更换为T/30打磨头，这种打磨头装卸针头更加方便，无须调整中心位置，同时运转起来更加稳定。安装在打磨机头中的是各类针头，形状各异，用途不同。通常针头都是配合吊机使用，但在雕蜡制作中，由于蜡的硬度小，在一些厚度薄，却需要开孔、开石位的情况下，为了保证准确，往往使用手去旋转针头来进行。而大面积的掏底、刨削的时候则需要吊机的高速旋转能力。

（六）焊蜡机

焊蜡机是雕蜡制作的重要工具之一，主要用途有熔蜡、补蜡、堆蜡、点爪、点钉等。目前国内市面有两种产品，一种是传统的电烙铁配合调温变压器组成的简易焊蜡器，另一种是控温准确的一体式焊蜡机，根据实际情况来调节温度，一般情况下要保证电烙铁最尖端（也包括缠绕铜丝后的尖端）接触蜡后，能够使蜡迅速融化成液体为宜。

电烙铁在使用时，主要使用其本身的尖端位来进行熔合、补蜡等工艺处理。在处理非常细小的部件及点钉时，其自身的金属尖端都显得太大、太笨拙，在热量足够的情况下，就可以在电烙铁上缠绕上细铜丝（图3.8.7），利用细铜丝传导出的热量，来处理这些非常细小的部位。

（七）熔蜡技巧小结

（1）补蜡的时候，蜡液宁多勿少，要留出填平后用于锉修的蜡材消耗量。

（2）熔焊时，可能会有或多或少的变形，特别是熔合大体积的材料时，变形更加明显，所以熔蜡时要平缓进行，使蜡均匀熔合，等一面的熔合处完全冷凝硬化之后，再进行下一面的熔合。

（3）堆蜡的时候，要注意有没有在熔蜡时带入气泡，仔细对光检查，如果在蜡膜浅表处发现

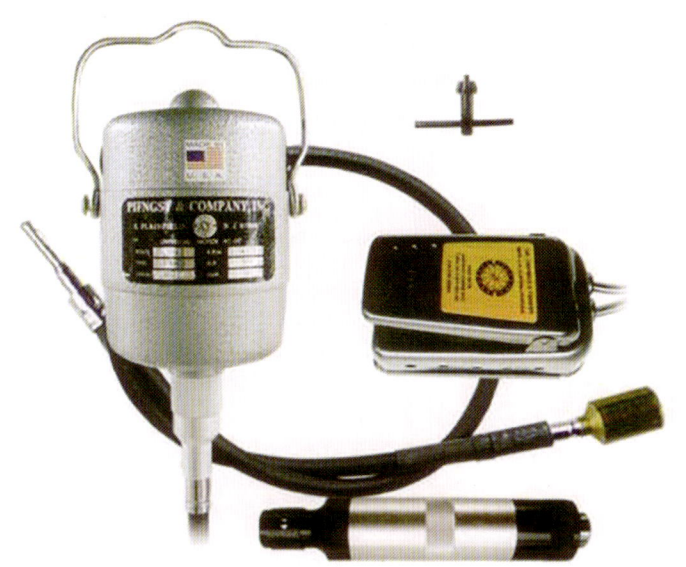

图3.8.6 吊机　　　　图3.8.7 焊蜡机的使用

气泡，可以用焊蜡器的钢丝尖端将蜡材熔化、气泡挑出，内部的气泡则要依靠手术刀刺破，再进行补蜡、修整等后续步骤。

（4）长时间使用焊蜡器，上面附着的蜡液会有残留，时间久了会有黑褐色的残留层，要注意及时清理，不要让杂质混进蜡模中。

（5）使用铜丝挑蜡时，不要在同一个地方反复挑蜡，这样蜡液容易附着在铜丝上，形成残留氧化层，并在反复挑蜡的过程中把这些杂质带入蜡模内部。这种情况下可以切短铜丝，用后端未接触过蜡液的铜丝进行挑蜡、点蜡等操作。

（八）锉修类工具——蜡锉和砂纸

蜡锉与我们修整金属的锉不同，蜡锉是专门用于雕蜡制作的锉修类工具。主要用于将蜡模锉出各种角度和弧度，整理出造型。这种锉与普通金工锉相比，锉齿角度更大、更粗糙，更易快速锉修出初胚造型，提高工作效率。但当整体造型完成后，还是要换用金工细锉进行细节处理及表面平整。

由于锉下的蜡屑具有一定的黏附性，在使用蜡锉的时候，要记得经常将锉在桌边轻磕，以震掉附着在锉齿间的蜡屑。如果余蜡过多，可用针挑除，或是直接浸入汽油中溶解掉。蜡锉在不使用的时候应该及时用油纸包好，避免生锈。

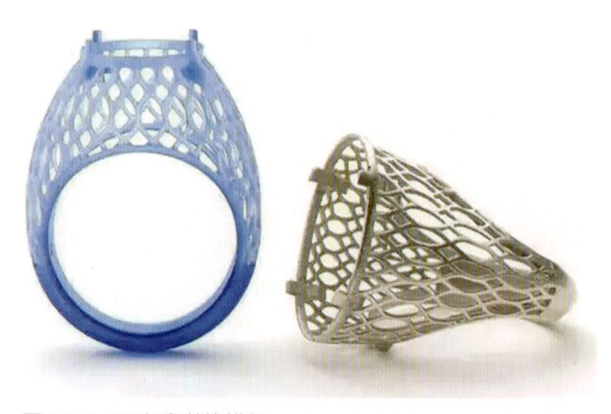

图 3.8.8 3D 打印首饰蜡版

砂纸用来磨除雕蜡过程中由各种工具留下的痕迹，使蜡表面顺滑。砂纸粗细型号从 220# 到 2000# 为止，其中常用的是 400#、800#、1200#。

（九）抛光技巧小结

抛光是雕蜡制作的最后一道工序，是将蜡模表面处理光滑的方法，主要有擦拭法和热熔法，一般情况建议使用擦拭法进行抛光。

擦拭法里比较常见的是使用丝绸、尼龙织物这样的光滑面料，丝绸是最佳的抛光材料，擦拭法就是利用面料与蜡体摩擦产生的抛削力及轻微热量将蜡模表面处理光滑的方法。

热熔法常用到酒精灯和焊蜡机，需要快速将蜡模在火焰上端来回移动，或者将蜡模靠近电烙铁较粗的金属端，通过其散发的热量轻微融化蜡的表面，使蜡模表面变得光滑。不过热熔法掌握不好分寸很容易造成熔坏蜡模的情况，建议初学者慎重选用。

随着科技的发展，电脑绘图也可以用于雕蜡起版，即用电脑软件绘画出三维图，用喷蜡方式出蜡版（图 3.8.8）。比起手工雕蜡，3D 打印具有速度快、精确度高的优点，因此在需要大批量生产、母版需要精确线条比例的情况下，许多首饰商往往会选择使用这项技术。但 3D 打印起版也有不足之处，例如一些花、动物、人物是电脑难以简单绘出来的，细节依然要靠传统的手工雕蜡，这样雕出来的蜡版才有灵气、更美观。

首饰的雕蜡工艺制作的只是首饰的蜡版，要想做成一件真正可以佩戴的首饰，还需要倒胶模、浇铸。在蜡模浇铸好之后，将首饰沿水口底部剪下晾干，然后进行执模，也就是对首饰粗坯进行修整，使其造型优美、表面平整的工艺。执模后的首饰才能进行镶嵌、抛光、电镀等处理，这样一件完整的珠宝首饰就诞生啦。

CHAPTER 4

—

第四章

首饰的材质之美

随着人类科学技术的进步及审美观念的改变，珠宝首饰材料的选用从原始的石材、兽骨，到金属材料、珠宝玉石的盛行，再到各类综合材料、合成材料、仿制材料的广泛运用，各个历史时期的材料开发、生产和加工工艺也在不断地革新，无一不体现着人类文明的光辉。

现代首饰的广义概念是指以各种材质制作的，用于个人装饰及相关环境装饰的物品。而不同的材质往往需要不同的加工方法、成型技术和造物方式，如果能充分了解首饰材质的属性，那么对设计思维的表现和设计作品的把握会起到事半功倍的作用。首饰自身的材质美和潜在的形制美，以及加工过程中的工艺美往往决定着首饰成品的商业价值、文化价值和艺术价值。所以首饰材质的基本属性、材料技术、历史文化内涵都是设计师需要深入了解和精准把握的要素。

常见的首饰材料可以分为3个大类，它们包括金属材料、非传统材料和珠宝玉石材料。

在制作首饰时一般使用925银，也就是92.5%的银与7.5%的铜的合金。与黄金和铂金相比，银的价格较低，适合制作体积较大的首饰，能够节省成本。

一些时尚类的首饰会选择使用普通金属制作，常见的有铜、钢、铝等。其中，铜被广泛用于制作各种工艺品和首饰，主要颜色有白色、青色、黄色、红色、紫色等。为了避免氧化，一般会在首饰表面电镀其他金属层。

与以上几种金属不同，在第三章首饰工艺之美中提到的钛金属近些年才开始运用于首饰制作中。它硬度高、质量轻、生物亲和力强，而且经过电解氧化或者加热，其表面会形成丰富的色彩变化，这些特性使它赢得了很多首饰设计师的青睐。图4.0.2这件作品的设计者从大自然中汲取灵感，以蓝色钛金属搭配钻石和彩色宝石镶嵌，营造出雕塑般细腻的视觉效果，宝石晶莹通透，定格了水花飞溅的澎湃瞬间。

（一）金属材料

贵金属材质主要有黄金、K金、铂金、白银等。

其中黄金是人类最早发现并开采和使用的贵金属之一，纯金具有很好的延展性，但硬度比较低，容易变形，所以通常会做成各种不镶嵌宝石的素金首饰。如果将黄金与其他金属按一定的比例相融，就会得到不同颜色的K金，硬度也会相应提升。图4.0.1这枚戒指就是选用了首饰中常见的3种颜色的K金：黄色、白色和玫瑰色，分别象征亲情、友情、爱情，环环相扣、紧密相连。而随着工艺的进步，除了合金配比，还可以用电镀、烤色等方法使金属表面呈现各种色彩的变化。

铂金的延展性强，熔点高，硬度也高，耐摩擦耐腐蚀，因此特别适合镶嵌钻石。它可以很好地衬托钻石的纯净剔透，象征爱情永恒长久。

纯银也是一种白色系的金属，它的延展性很强，但是硬度较低，而且容易氧化变色，所以

图 4.0.1 卡地亚三色戒指

图 4.0.2 钛金属首饰

（二）非传统材料

在当代首饰的设计中，利用新鲜的设计手法、新颖的综合材料，在设计过程中寻求新的艺术表现力，逐渐成为评判首饰作品的重要标准。如今，首饰设计不仅仅局限于外观设计，更重要的是优秀的首饰设计作品往往能激发人们的内心感受。过去首饰设计中使用的大部分材料都集中在贵金属和珠宝玉石上，但今天的首饰设计对于综合材料的开发同样关注，原材料远不止贵金属和稀有宝石，因此，在材料的选择上考虑了材料的柔软、坚硬和刚性等特征。

综合材料是在日常生活中可以看到或用作艺术创作的任何材料，例如树脂、硅胶、玻璃、纸、木材、羽毛、竹子、水泥等，甚至动物骨头、植物、电子芯片。如图 4.0.3 所示，使用综合材料为日常可见的材料赋予新的含义，可以使首饰设计更加生动和情感化。设计师可以根据他们的设计主题选择最合适的材料，充分观察和理解它们的属性，并重新定义材料的价值。此外，设计师还可以从材料的形态材质等特性中获得设计灵感，进一步深化设计主题，让自己的作品更加与众不同，从设计本身来说，材料的改变对于首饰设计本身的特性、肌理、色彩、触感都有着直观的影响。

综合材料的使用突破了传统珠宝首饰设计对贵金属和天然珠宝玉石材料的依赖，材料不再仅仅是首饰设计的一个角色，而是在设计者和佩戴者之间架起了桥梁，使两者相互作用。首饰设计中的材料与人的创造力相互作用，赋予了首饰设计更多功能性的互动。材料的综合使用决定了首饰工艺的多样性，并呼应了多元化的创意，使用当代工艺决定了当代首饰艺术的丰富性，并实现了独特的材料视觉特征。

图 4.0.3 综合材料制作的首饰

（三）珠宝玉石材料

根据我国珠宝玉石首饰行业相关的国家标准，广义上的珠宝玉石泛指一切经过琢磨、雕刻后可以成为首饰或工艺品的材料，通常可以将它们简称为宝石。它的价值主要体现在美丽、耐久性和稀有性上。当然，除了自身的品质，宝石的价值也会随着时间、地域、文化和审美观念、资源储量以及经济环境等因素的变化而发生改变。

宝石材料既包括天然珠宝玉石，也包含人工宝石。如果再细分的话，天然珠宝玉石又包括天然宝石、天然玉石和天然有机宝石，而人工宝石则包括合成宝石、人造宝石、拼合宝石和再造宝石。

思考题：

早期首饰中出现的牙骨、贝壳属于哪一类材料？它们跟珍珠、珊瑚、琥珀是否属于同一类首饰材料呢？

一、钻石

钻石的矿物名称是金刚石，它的主要成分是碳（C）。它是自然产出的、较为常见的，硬度最高、耐划性最强的矿物，摩氏硬度为10，中国有句古话说"没有金刚钻，别揽瓷器活"，说明它的硬度是远高于其他材料的，因此切割钻石也要使用专业的仪器设备。钻石的硬度虽然很高，但由于晶体不同方向的硬度不同，而且晶体存在解理面，脆性比较大，因此在特定角度撞击也可能会破裂，所以佩戴钻石时要注意避免磕碰和掉落。（图4.1.1）

首饰中使用的钻石主要有无色、浅黄（褐、灰）色系列和彩色系列。以市面上常见的无色钻石为例，评价的依据包括4个主要因素，分别是钻石的重量、颜色、净度和切工。这4个要素的英文都是以字母C开头的，所以可以简称为钻石的4C分级。

图4.1.1 裸钻

图 4.1.2 钻石克拉对比图

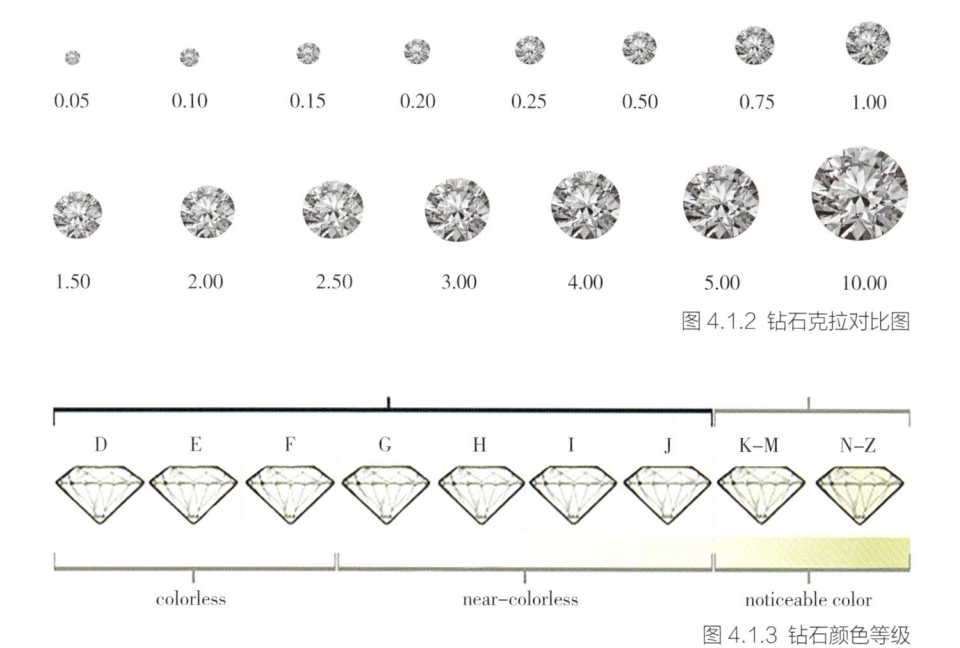

图 4.1.3 钻石颜色等级

（一）重量

克拉（Carat）是钻石的重量单位，一般简写为 Ct，1 克拉 =0.2 克 =100 分。（图 4.1.2）在选购钻石时通常会听到 15 分、20 分、50 分，这就代表不同的钻石重量，分别对应 0.15 克拉、0.20 克拉和 0.50 克拉。在颜色、净度、切工等其他条件近似的情况下，随着钻石重量的增大，价值就会以几何级数增长，价格呈台阶状上升，当钻石重量达到 1 克拉时，价格会远远高于 99 分的钻石，这就是"克拉溢价"现象。

（二）颜色

颜色（Color）等级对于无色系列的钻石来说以 D 色为最佳，往后等级越低白度越弱，并渐渐地开始出现浅黄色调（图 4.1.3），D 色到 F 色的钻石收藏价值较高。图 4.1.4 这颗 10.21 克拉的 D 色水滴形钻石，在 2021 年 9 月份保利精品拍卖会上以 411.7 万元的价格成交。需要注意的是，钻石颜色的分级采用比色法，需要在特定的环境和灯光条件下与比色石依次比对，将钻石的颜色进行准确的等级划分。对于普通消费者来说，是很难在日常光照条件下区分相近色级的，所以平时佩戴的首饰选择中等色级即可，在

图 4.1.4 保利拍卖会上的 D 色水滴形钻石

图 4.1.5 保利 2021 年秋拍粉色钻石

保证钻石白度的同时，性价比也会更高。

而对于彩色系列的钻石，根据其珍稀性和美观性，价格区间差别非常大。图 4.1.5 这颗 12.62 克拉的粉钻戒指在 2021 年以 1650 万元的价格成交，更难得的是，这枚钻石的净度也非常好。因为粉红色钻石的形成十分不易，这也导致其数量和开采量非常稀少，想要得到一颗 1 克拉以上的优质粉钻，更是可遇而不可求，因此近几年来粉钻的价格也被一再刷新。

（三）净度

净度（Clarity），也就是钻石的纯净程度。在自然生长的过程中，钻石里面可能会出现杂质、包裹体或者裂隙，这些因素都会影响钻石的净度。在 10 倍放大镜下观察，可以对钻石内部和外部的净度特征进行等级划分。在我国的钻石分级标准中，净度级别分为 LC（镜下无瑕级）、VVS1-2（极微瑕级）、VS1-2（微瑕级）、SI1-2（瑕疵级）、P1-3（重瑕疵级）这 5 个大级别。钻石的净度一般与价值成正比，净度越高价值也会相应提升。

（四）切工

钻石的切工（Cut）在钻石的品质评价中占有非常重要的地位，因为钻石的绚丽除了颜色、净度等自身的因素外，还取决于人们对钻石精良的切割和琢磨。好的切工能更充分地体现钻石的亮度和火彩，使钻石更加璀璨夺目。根据我国珠宝玉石首饰行业相关的国家标准，切工可以分为很好、好和一般 3 个等级。而在国际上，一般将钻石切工分为理想切工（Excellent），记为 EX；非常好切工（Very Good），记为 VG；好切工（Good），记为 G；一般切工（Fair），记为 FR；差切工（Poor），记为 P。

对于钻石来说，优秀的切工非常重要，严谨精确的切割角度能够保证进入钻石内部的光线尽可能多次发生反射和折射（图 4.1.6），这样才能最大程度地将钻石的火彩体现出来，使它发散出耀眼夺目的光芒。所以无论是金属简单的包镶，还是众多钻石奢华的群镶，好切工的钻石都可以帮助首饰展示不同风格的美。

知识拓展：

众所周知，钻石是全世界最坚硬的物质，但其实这种说法并不严谨，除了石墨烯、超高分子量聚乙烯等人工合成的物质外，还有两种自然产出的矿物的硬度在理论上超过了钻石。

（1）蓝丝黛尔石

蓝丝黛尔石发现在陨石的金刚石上，是一个非肉眼可见的显微晶体，属于六方晶系，非常稀少。

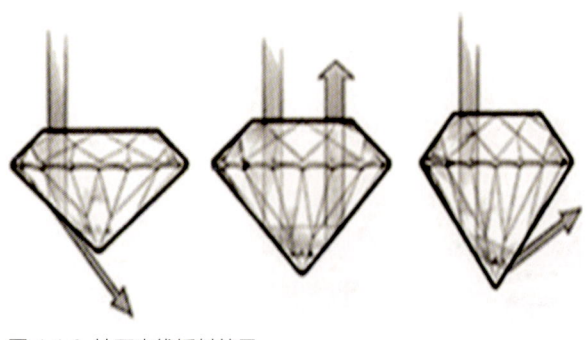

图 4.1.6 钻石光线折射效果

目前发现的蓝丝黛尔石硬度在 7 至 8 之间，远低于钻石的硬度，主要原因是天然形成的蓝丝黛尔石不纯且不完美所致。如果人工合成纯的完美晶系蓝丝黛尔石，则比钻石硬 58%，澳大利亚的科学家此前已经成功合成出了这种物质。

（2）纤锌矿型氮化硼

纤锌矿型氮化硼在火山喷发的过程中形成，到目前为止只发现过极少量，因此我们无法通过实验测试其硬度。但最新的模拟结果显示它可以形成一种不同类型的晶格结构，属于四面体，而非面心立方体，硬度比钻石高出 18%，目前这种物质已经实现了实验室合成。

由上可以看出蓝丝黛尔石、纤锌矿型氮化硼和钻石一样，都是自然产出的物质。虽然理论推算这两种物质的硬度都要高于钻石，但是目前还没有发现不含杂质的蓝丝黛尔石，纤锌矿型氮化硼到目前为止也发现极少，还不能通过实验测试其硬度。这两种矿石理论上的超高硬度都只能通过人工合成的形式存在，因此都不具备与钻石硬度比较的实际意义。

二、红宝石、蓝宝石

红宝石、蓝宝石、钻石、祖母绿、金绿宝石并称为世界五大名贵宝石，自古以来就备受人们的喜爱。在我国清代，只有一品官员才能够将红宝石作为顶戴装饰，而三品官员则用蓝宝石作为顶戴标志。现在，红宝石普遍用作 7 月份的生辰石和结婚 40 周年的纪念石，成为爱情、热情和高尚品德的象征。蓝宝石则是 9 月的生辰石和结婚 45 周年的纪念石，象征慈爱、诚实和稳重。

其实在宝石和矿物学的概念中，红、蓝宝石属于同种矿物——刚玉。它的硬度较高，仅次于钻石，光泽也非常好，纯净的刚玉无色透明，而自然界产出的刚玉大多数会含有一些杂质元素，这些杂质元素使刚玉产生丰富的色彩变化（图 4.2.1），国际珠宝界就依据颜色将刚玉宝石划分为红宝石和蓝宝石两大品种。

刚玉宝石几乎包括可见光光谱中所有的颜

图 4.2.1 彩色刚玉宝石

色，需要注意的是它们的划分方法。红宝石是指红色的刚玉，包括红色、橙红色、紫红色、褐红色的刚玉宝石。而除红宝石以外的所有刚玉宝石，都可以定名为蓝宝石，包括蓝色、蓝绿色、绿色、黄色、灰色、黑色和无色等多种颜色。除了蓝色系列（图 4.2.2），其他色调可以叫作黄色蓝宝石、黑色蓝宝石等。刚玉中最珍贵的颜色是鸽血红宝石（Pigeon Blood）和矢车菊蓝宝石（Cornflower）。同钻石一样，红蓝宝石的色彩、净度、重量和切工质量都是影响其价值的重要因素。

此外，还有些刚玉具有非常有趣的光学效应，比如能够呈现规则星线的星光红宝石（Star Ruby）、星光蓝宝石（Star Sapphire），还有在不同的光线下会呈现不同颜色的变色蓝宝石等（图 4.2.3）。

| Pastel 淡蓝 | Cornflower 矢车菊蓝 | Peacock 孔雀蓝 | Velvet 丝绒蓝 | Royal 皇家蓝 |

| Indigo 靛青色 | Twilight 蓝黑色 |

图 4.2.2 蓝宝石的蓝色分类

图 4.2.3 左上为星光红宝石、右上为星光蓝宝石首饰、下图为变色蓝宝石

第四章 | 首饰的材质之美

图 4.2.4 "海洋之心"坦桑石项链

图 4.2.5 "卡门·露西娅"鸽血红宝石戒指

在大自然中，有许多其他的宝石品种与红蓝宝石外观相似，例如红色的石榴石、尖晶石、碧玺，蓝色的坦桑石、托帕石、海蓝宝石，等等。很多人都曾认为在电影《泰坦尼克号》中，女主角佩戴的这条"海洋之心"是蓝宝石项链，其实这枚珍宝的原型是一颗明艳深邃的蓝色钻石，而影片中的项链则是用坦桑石制作而成的（图4.2.4）。因此，在日常购买首饰时，更需要注意辨别红蓝宝石和相似宝石。

"卡门·露西娅"鸽血红宝石戒指（图4.2.5）上的这枚世界上屈指可数的顶级鸽血红宝石，重23.1克拉，现被美国国家自然历史博物馆收藏，也是向公众展出的切割红宝石中最大最美的一颗宝石。透过这颗深红色的宝石向内看去，宛若烟花一般的绚烂，光线经过棱角的折射，熠熠生辉。它的命名也有一个浪漫动人的故事。这枚瑰宝于20世纪30年代在缅甸被发现，之后的70年中经历了数次易主，都是由私人收藏，公众一直没有机会去目睹这颗巨型宝石的璀璨色彩。2002年，一位女士听说了这枚红宝石，心生向往，希望有机会能谋得一面之缘，但不幸的是一年后她就罹患癌症去世了。而她的丈夫为了怀念她，捐出了一大笔钱给美国国家自然历史博物馆，用以收藏和展出这枚红宝石，并且以妻子卡门·露西娅的名字为它命名作为永久的纪念，人们才得以见到这颗红宝石的真容。

图 4.2.6 赵心绮的红宝石牡丹胸针

图 4.2.7 卡地亚蓝宝石猎豹胸针

赵心绮的红宝石牡丹胸针（图 4.2.6）是一件制作工艺精湛又富有设计巧思的红宝石胸针，牡丹花瓣上共镶嵌了 3000 多颗红宝石，总重量达到了 220 克拉，每一颗宝石都要独立匹配蜂巢形的金属镶嵌底座。因此整件作品以钛金属为主要材质，保证佩戴时的轻盈度。钛金属经过阳极氧化处理为紫色，衬托红宝石的饱满色彩，中间的黄色花蕊运用漆雕工艺，与盛开的红色花瓣形成鲜明对比。

在蓝宝石首饰中，这件卡地亚蓝宝石猎豹胸针（图 4.2.7）拥有着特殊的地位，因为它是世界上第一款以动物为造型的珠宝首饰，同时也因为那颗巨大的克什米尔蓝宝石被人们熟知。猎豹由白金制作，炯炯有神的眼睛是两颗梨形切工的黄色钻石，周身布满了刻面钻石和素面切割的蓝宝石。这只灵动敏捷的猎豹，盘踞在一颗重达 152.35 克拉的克什米尔蓝宝石上，设计生动独特，蓝宝石深邃的色彩更增加了它的神秘感。这枚胸针不仅见证了温莎公爵夫妇童话般的爱情，也使猎豹自此成为卡地亚珠宝的品牌形象之一。1986 年 4 月温莎公爵夫人离世，1987 年卡地亚集团以约 7 倍于估价的价格拍回了这件重要的作品，最终成交价为 93.3 万美元。后来，这件作品在全球巡回展出过多次，而结合蓝宝石的猎豹形象也不断出现在新的首饰作品中。

红宝石和蓝宝石凭借着卓越的质感光泽、丰富的色彩，一直颇受设计师的青睐，制作出的珠宝首饰也堪称经典，可以优雅，也可以高贵，既绚丽夺目，又不乏神秘，每一件首饰都有着它独特的魅力。

知识拓展：

红蓝宝石的热处理

烧，即宝石的热处理，是在高温条件下通过改变色素离子的含量和价态，调整晶体内部结构，消除部分内含物等内部缺陷，来改变宝石的颜色和透明度的一种手段。目前市场上出售的绝大多数红蓝宝石都经过了热处理，也就是"有烧"。那么相应地，"无烧"就是纯天然，未经过任何优化或者处理。

三、祖母绿

祖母绿（Emerald）被人们称为绿色宝石之王，它的颜色象征着幸运、希望和万物复苏的生机。人类与祖母绿相知的渊源已久，生活在距今6000多年前的古巴比伦人常用它祭祀女神，古希腊人、古埃及人将它视为圣物，祖母绿在西方的受宠程度要大于东方。人们认为祖母绿的色彩不同于春日草木或者夏日浓荫，而是具有自己独特的魅力，既浓艳又柔和。在我国古代没有自产的祖母绿宝石，大多是途经波斯的古丝绸之路辗转而来。

首饰中使用的祖母绿宝石颜色要好，《博物要览》中记载祖母绿要"色浅绿，微黄，如新柳色"或者"色深绿，如鹦鹉羽"。在现代市场中，优质的祖母绿以饱和的深艳绿色为佳，颜色偏浅或带有黄色调的次之（图4.3.1）。祖母绿的摩氏硬度为7.5~8度，稍逊于红宝石，多数是透明或半透明的。天然产出的祖母绿内部常见丰富的包裹体，这些杂质、包裹体和瑕疵越少，透明度越好，宝石质量也

图4.3.1 祖母绿的颜色划分

首饰艺术

图 4.3.2 祖母绿型切工

图 4.3.3 明万历云头形金带饰

越佳。祖母绿一般会琢磨成带有切角的阶梯状四边形，这种琢型称为祖母绿型切工（图 4.3.2），这种切割既有利于展现宝石的颜色，也可以对这种天然裂隙较多的宝石起到防裂保护的作用。

我国有关祖母绿的文字记载最早见于元代，而与文字相印证的实物，目前最早在明代，那时祖母绿在中国非常珍稀，因此颇受明清帝王后妃的喜爱。万历皇帝的陵墓中也出土过一件云头形金带饰（图 4.3.3），它以黄金为底，将金丝编制成精美的造型图案，四合如意的中心镶嵌着一颗弧面形切工的祖母绿。放大局部可以看到祖母绿内部的裂隙包体较多，但依然不影响帝王对之青睐有加。另外一件保存比较完好的金嵌珍珠宝石圆花（图 4.3.4），直径 7 cm，黄金底托中心的主石就是祖母绿，晶莹通透，碧如新柳。外圈镶嵌了两圈随形切割的祖母绿和红宝石，最外围还装饰了一圈珍珠，每个间隔部位的金属都有可以系缀的套环，做工非常精细。

图 4.3.4 金嵌珍珠宝石圆花

080

图 4.3.5 雕花祖母绿项链

图 4.3.6 Mary Hood 的祖母绿胸针

除了常见的刻面和弧面形切割方法，也可以直接在祖母绿宝石上雕刻纹饰。图 4.3.5 这条项链镶嵌了一颗重达 107.57 克拉的雕花祖母绿，点缀了总重量 3.50 克拉的钻石，项链部分镶嵌着珍珠、祖母绿、钻石和红宝石，中间的这枚雕件还可以拆卸下来，置于手镯底托上佩戴。

图 4.3.6 这颗祖母绿产自世界优质祖母绿最重要的产区——哥伦比亚，已经有 200 多年的历史，它的第一任拥有者是莫卧儿帝国的第 16 任皇帝阿克巴二世，后来转赠给了英国贵族 Mary Hood。这枚祖母绿透明度很高，最大的特点是宝石表面刻有 5 行波斯体的阿拉伯文字，上面包含了 Mary Hood 的姓名和雕刻年份 1813—1814，并装饰有花朵图案。我们现在看到的这枚胸针，是 1925 年由一个英国珠宝商重新设计制作的，宝石搭配铂金打造了一个近似八边形的外框，外圈点缀圆钻和阶梯形切工的祖母绿，内圈则用黑色珐琅突出了主石的几何轮廓，具有鲜明的装饰艺术造型风格。

首饰艺术

图 4.3.7 祖母绿戒指

图 4.3.7 戒指上的祖母绿宝石主石为 34.4 克拉，六角形切割，有近 110 年的历史了，自 1908 年以来，先后由多位重要的珠宝收藏者拥有，是一颗具有特殊历史价值的宝石。1943 年由美国珠宝商 Harry Winston 获得，并重新设计成为一枚铂金戒指保留至今。这枚戒指具有建筑般的立体设计，镶嵌了两层近 70 颗总重量达 6 克拉的水滴形钻石，衬托出祖母绿主石独特的六边形阶梯造型。

有些首饰作品会将祖母绿打磨成优美的弧面水滴形。例如图 4.3.8 这枚胸针，画像中的佩戴者就是 20 世纪美国最富有的女性玛荷丽·波斯特女士，她收藏的珠宝数量和等级甚至超越了英国女王和伊丽莎白·泰勒，而这枚胸针也是她非常偏爱的一款，共用了 7 颗来自 17 世纪莫卧儿帝国的雕花祖母绿，总重量将近 250 克拉，周围镶嵌钻石，黑色的部分是珐琅涂层。

图 4.3.8 玛荷丽·波斯特的祖母绿胸针

图 4.3.9 宝格丽 Hypnotic Emerald 项链 　　图 4.3.10 Victor Velyan 的木佐绿戒指

现代的祖母绿首饰风格就更加多样化了，图 4.3.9 是一件蛇形的大型项饰。整件作品如同一条灵蛇盘踞颈间，最大的亮点就是中间这颗罕见的主石——蛇头下方镶嵌的重达 93.83 克拉的哥伦比亚弧面切割祖母绿，它拥有饱满而深邃的鲜绿色，圆润的弧面琢形如同一颗玲珑的蛇蛋。整颗主石由 3 枚镶爪固定，其中 1 枚还巧妙隐藏在微微张开的蛇口中，另外 2 枚由蛇尾自然延伸出来。为了保证佩戴的舒适度，设计师特别将项链内壁打造成了镂空的结构，呈现四边形、六边形的几何花纹，间隔点缀的钻石和祖母绿巧妙再现了斑斓的蛇鳞纹图案，充满了视觉冲击力。

几个世纪以来，哥伦比亚一直是世界最大的优质祖母绿供应地，其次还有巴西、俄罗斯和非洲南部等地区。其中哥伦比亚木佐（Muzo）矿区出产的部分优质祖母绿颜色幽绿浓郁，被称为木佐绿（Muzo Green），当然价格也非常昂贵。最高品质的祖母绿原石往往进行刻面切割，而中低品质的祖母绿因为杂质和裂隙较多，往往切割为弧面、念珠、切片或异形。哥伦比亚矿业公司在 2018 年推出了一个合作珠宝系列，邀请 25 位独立设计师共同完成近 100 件独一款的珠宝。所有作品的主石均为哥伦比亚木佐矿区出产的祖母绿，通过特殊的切割和镶嵌，将中低品质的祖母绿变成了充满新意的珠宝。

裂隙较多的木佐绿，在设计师 Victor Velyan 的巧妙设计中被倒置镶嵌，结合肌理丰富的金属戒托，为首饰赋予出色的现代感（图 4.3.10）。

同样引人注目的还有达碧兹祖母绿，在自然形成的过程中，达碧兹随晶体生长将共生的石墨挤压为独特的六芒星图案。印度设计师 Coomi 运用放射造型的耳钉来呼应星线图案，并搭配黑色珐琅，与宝石的天然色调相契。（图 4.3.11）

知识拓展：

达碧兹不是一个宝石品种，而是宝石的一种特殊生长结构，凡是三方晶系或六方晶系的宝石都有可能形成达碧兹。达碧兹由六边形和放射状构成，它与星

图 4.3.11 Coomi 的达碧兹祖母绿耳钉

光效应的不同在于：星光效应的星线在宝石表面，并随光源的移动而移动；达碧兹的六边形结构是固定在宝石里面的。最著名的达碧兹结构出现在祖母绿中，除此以外，海蓝宝石、红宝石、蓝宝石、碧玺、水晶、红柱石、堇青石等都有出现达碧兹结构现象。

有关达碧兹祖母绿的文字记载可以追溯到19世纪50年代。意大利的阿古斯丁·科达齐在负责绘制哥伦比亚地图期间考察了Nevado del Cocuy地区，并研究了木佐的祖母绿矿山，就是在那时他发现了达碧兹祖母绿的存在。法国地质学家埃米尔·贝特朗则在1879年分析并阐述了产于木佐的达碧兹祖母绿。

以前在哥伦比亚，人们普遍认为这些奇妙的宝石只出产于木佐矿区，实际上却不是这样。虽然很多矿区都有出产达碧兹祖母绿，但是可用于宝石级切磨的非常少见。

四、猫眼

猫眼是一种具有特殊光学效应的宝石，它具有丝绢般的光泽、清晰灵动的眼线。由于猫眼宝石表现出的光现象与猫的眼睛类似，灵活明亮，能够随着光线的强弱而发生变化，因此而得名"猫眼"（图4.4.1），这种光学效应就称为"猫眼效应"。古时人们对自然科学还不够了解，只说这种现象好似猫的眼睛在正午时分拉成了一条直线。其实这种特殊的光学效应出现，主要是由于宝石内部含有大量细小、密集且平行排列的丝状或管状包体，在光线照射下宝石表面会呈现一条明亮的光带，而这条光带会随着宝石或光线的移动而发生偏移。当两束光源同时照射宝石表面时，转动宝石的时候眼线就会出现张开与闭合的奇特现象。

在珠宝玉石材料中，具有猫眼效应的宝石品种是很多的（图4.4.2），但在我国的国家珠宝玉石标准里，只有具有猫眼效应的金绿宝石才能称为"猫眼"，其他具有猫眼效应的宝石，必须在"猫眼"二字之前加上宝石的名称，比如海蓝宝石猫眼、月光石猫眼、石英猫眼等，本节主要介绍金绿宝石猫眼。

猫眼最好的颜色是蜜黄色，其次是艳绿色、黄绿色、黄色、褐色等。颜色越浅、褐色或灰白色调越明显，价值越低。而且与其他名贵宝石不同，猫眼并不是越透明越好，因为透明度越高，猫眼效应越弱。眼线要讲求光带居中、平直清晰、明亮锐利。

图4.4.1 猫眼

图4.4.2 具有猫眼效应的宝石

图 4.4.3 嵌猫眼金簪

图 4.4.4 明代乌纱翼善冠

猫眼的历史非常悠久，1世纪的罗马时代就曾经出现过这种宝石的记载，斯里兰卡和印度是当时最主要的产地。但在此后的数个世纪，这种宝石似乎被人们淡忘了，直到1879年维多利亚女王的第3个儿子康诺特公爵将一颗猫眼戒指赠送给普鲁士公主玛格丽特作为订婚戒指，从此猫眼又再次进入了人们的视野，掀起了一阵收藏热潮。

在我国古代，猫眼通常由外邦进贡，这在《格古要论》《山堂肆考》《辍耕录》等许多古籍中都曾有记载。猫眼最早出现在唐代金棺银椁的装饰中，到了明代，皇家的诸多宝贝上都装饰着猫眼，皇帝和妃嫔的首饰中也不乏优质猫眼。万历皇帝就特别喜爱猫眼宝石，图4.4.3这4件定陵出土的嵌猫眼金簪都是他生前的发饰，品相上乘，可谓"一线中横，四面活光，轮转照人"。图4.4.4这件乌纱翼善冠出土时就戴在万历皇帝的头部，通高23.5 cm，直径19 cm，金饰总重量达到了307.5克。龙身使用花丝工艺精细制作，上面装饰着猫眼、红宝石、蓝宝石、祖母绿和珍珠等。

时至今日，金绿宝石的开采量不比其他贵重宝石品种多，而且其中具有猫眼效应的更少，因

首饰艺术

图4.4.5 赵心绮的山地玫瑰胸针

此具有高品质、单粒重量能够达到10克拉以上的金绿宝石猫眼也就成为各大拍卖会场上的珍品。2019年的欧洲艺术和古董博览会上，华人设计师赵心绮的一件胸针（图4.4.5）成为亮点。她以山地玫瑰为主题，在胸针中央镶嵌了一颗重达105.37克拉的弧面形切割猫眼，为花蕊赋予了独特的灵动感。花瓣由钛金属制作，镶嵌了祖母绿、沙弗莱、橄榄石等6种绿色系的彩色宝石，丰富的色调变化使花瓣充满了自然的生机，花枝则由黄色钻石和棕色钻石铺陈，构成了枝干天然生长的轮廓。

除了金绿宝石猫眼，还有些宝石也具有猫眼效应。例如和田玉碧玉（图4.4.6），当其中细密的纤维结构呈现定向排列且方向一致时，经过光线照射就会产生亮晶晶的眼线光带，清透莹润。海蓝宝石作为绿柱石家族的一员，一般透明度比较高，内部常见"雨丝状"包体，当包体密集且平行时，就会形成猫眼效应（图4.4.7），不过大

图4.4.6 和田玉碧玉猫眼首饰

部分效果较弱。碧玺猫眼(图4.4.8)产量相对较少，一般只出现在红色、绿色或蓝色碧玺中。祖母绿中能具猫眼效应的更可谓是稀罕之物（图4.4.9），因此祖母绿猫眼的价格十分昂贵。

还有一个成员更加特殊，它就是变石猫眼。变石是金绿宝石的一个特殊品种，在不同的光线下有强烈的变色效果，这是由于变石中的铬离子对光的选择性吸收引起的。同一颗宝石，当光源中含绿光（如日光或荧光灯）时变石会显示绿色，而当光源含红光（如白炽灯或烛光）时变石会显示红色，因此它也被誉为"白昼里的祖母绿，黑夜中的红宝石"，有些金绿宝石同时具有变色效应和明显的猫眼效应，就称为变石猫眼（图4.4.10）。这些具有猫眼效应的宝石魅力十足，极大地丰富了首饰的质感和装饰性，更为珠宝增添了一抹盎然的生机。

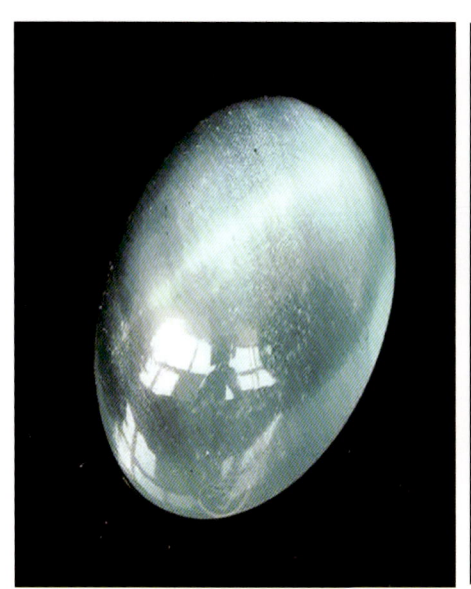

图 4.4.7 海蓝宝石猫眼

图 4.4.8 碧玺猫眼首饰

图 4.4.9 祖母绿猫眼首饰

图 4.4.10 变石猫眼首饰

五、水晶

水晶，古时又称水玉、水精、千年冰等，无色的水晶颇似水凝结而成的冰块，因此在许多古籍中常常将二者混淆。唐崔珏的《水晶枕》中写道："千年积雪万年冰，掌上初擎力不胜。南国旧知何处得，北方寒气此中凝。"我国现存最早的文物鉴定专著《格古要论》中也有"千年冰化为水精"的记述。无独有偶，古希腊人也坚信水晶就是凝固的水，希腊文中水晶（Krystallos）这个词的本义就是"洁白的冰"。在科学技术不甚发达的时代，人们误以为冰埋在地下很多年后就可以变成水晶，这也一度为水晶增添了些许神秘的色彩。

其实我们的祖先很早就开始利用水晶制作器物了，比如北京周口店遗址中就出土了少量旧石器时代的水晶制品。而在新石器时代的福建南山遗址里还发现了小型的水晶刮削器（图4.5.1上图）。河南新郑沙窝李遗址出土的水晶饰品也有6000余年历史。到了商代以后，使用水晶制品的场合越来越多，朝觐、盟约、婚丧、祭祀等场合都会将水晶作为贡品或信物。到春秋时期以后，水晶串珠和手镯类的首饰日益增多。清史记载，康熙年间两广总督向宫中进献过水晶眼镜，后来康熙、雍正、乾隆都时常戴着水晶眼镜批阅奏章，还曾写诗赞美水晶眼镜的精致和实用（图4.5.1下图）。

图 4.5.1 上为福建南山遗址出土的小型晶刮削器，下为乾隆水晶眼镜

图 4.5.2 天然水晶晶簇

图 4.5.3 多晶体石英质玉石——木变石珠串

随着矿物学的发展，人们发现水晶与冰并无关系。水晶的矿物名称叫石英，主要成分是二氧化硅，作为自然界中最常见的矿物之一，石英的产出形式一般分为单晶体和多晶集合体两大类。常见的首饰材质有单晶体石英（图 4.5.2），也就是水晶，以及多晶体的石英质玉石，如玛瑙、玉髓、木变石（图 4.5.3）等。纯净的水晶是无色透明的，当含有微量的铁、铝或钛元素时，就会呈现不同的颜色，如紫色、黄色、粉红色、烟灰色等。

紫水晶被誉为水晶之王，具有迷人的色彩，它是2月的生辰石，象征诚实和善良。虽然在当代随着开采量的增多，紫水晶已算不上是高档名贵宝石，但历史上许多名人都对它青睐有加，就连凯撒大帝也无法抑制自己对紫水晶的渴望，派人四处寻觅，甚至颁布法令17~19世纪紫水晶仅限王室使用。图 4.5.4

图 4.5.4 温莎公爵夫人的紫水晶绿松石套装首饰，上为手链，下为项链

上边的这条手链就是1954年温莎公爵送给夫人的圣诞礼物。在此之前的1947年，温莎公爵曾委托卡地亚定制过一条紫水晶绿松石项链（图4.5.4下图），而这条手链就是为了搭配该项链而专门制作的。设计师将约300颗宝石缠绕、扭转，串成珠链，并在搭扣中央镶嵌了一颗六边形切割的紫水晶，周围自然延伸出6组绿松石。在图4.5.5这张照片中，温莎公爵夫人佩戴的就是这套紫水晶首饰，如今，卡地亚将这条项链回购，修复保养后，在2016年再度面世展出，将它无穷的魅力再次展现给了世界。

宝石级的黄水晶比较少，颜色从浅黄、正黄、酒黄到褐黄都有，如阳光般温暖和煦（图4.5.6）。但需要注意的是，市面上常见一些颜色较浅的黄水晶，多为紫水晶热处理后变色形成的，热处理后的黄水晶性质不够稳定，有可能出现褪色现象。

图 4.5.5 温莎公爵夫妇合影

图 4.5.6 黄水晶首饰

第四章 | 首饰的材质之美

粉色的水晶也备受人们的青睐，它的宝石学名称是芙蓉石（图4.5.7）。相对于无色水晶来说，芙蓉石的透明度稍低，呈云雾状，质地温润、色彩柔美浪漫，经常被做成情侣饰品，因此也有人叫它爱情石。大多数芙蓉石都是弧面切工，当内部含有细小针状的金红石包体时，在透射光线的照射下就可能产生星光效应，这就是星光芙蓉石（图4.5.8），柔和的粉光中透射出夺目的奇幻色彩。

水晶晶莹剔透、流光溢彩，产量较丰富，而且硬度较高，韧性也不错，是非常适合用于雕刻和艺术创作的材料。不少艺术家利用水晶卓越的可塑性，雕刻出了各具风格的首饰作品。图4.5.9这个系列是意大利设计师以花朵为主题制作的首饰套装，灵感来源于薰衣草神秘而浪漫的紫色调，用独特的花式切割将一颗完整的紫水晶打造成了五瓣花的形状，生动、自然又富有生命力。紫水晶上点缀了一片金色的叶子，佩戴时还可以将耳钉自由旋转至不同角度，让倾斜的叶片巧妙构成不对称的美。

图 4.5.7 芙蓉石首饰

图 4.5.8 星光芙蓉石首饰

图 4.5.9 紫水晶雕刻首饰

091

陈世英是一位国际珠宝雕刻大师，1987年开创了以自己名字命名的Wallace Cut雕刻法。图4.5.10这款耳饰采用了精致的雕刻工艺，上部以银灰色的珍珠组合金属，点缀着钻石的钛金属自然包裹珍珠；下部巧妙地用无色水晶来模拟浪花，将珍珠的柔和晕彩、水晶的玲珑剔透与金属的凛冽质感完美结合，相得益彰。

在图4.5.11这款胸针中，陈世英在空间布景上充分利用了景深，两匹骏马前后交替，两相呼应。在材质和表达方式上又完全不同，前面的骏马采用了翡翠，后面的则采用了水晶，翡翠是实心的，而水晶则掏空了，内部嵌入了黄色、棕色调的小颗粒钻石，整体亦实亦虚，颇具趣味性。骏马鬃毛的部分和下方用彩色钛金属镶嵌的钻石，使温润的翡翠、剔透的水晶、璀璨的钻石和充满现代感的金属和谐地融为了一体。

生活中也有许多合成水晶制作的首饰和工艺品，同样能够起到很好的装饰作用。无瑕胜美玉，至洁过冰清，水晶从自然中来，又在人们的雕琢中焕发着无限的美与魅力。

知识拓展：

施华洛世奇的饰品是水晶的吗？

施华洛世奇使用的是人造水晶，并不是天然水晶，这个品牌是以人工合成水晶制造、切割工艺及其设计出名的。施华洛世奇有两个主要业务，一个是负责制造，另一个是负责销售和设计成品。

施华洛世奇是在二氧化硅中加入了24%的氧化铅，和玻璃的成分类似，因此，它的合成水晶也被很多人称为高级玻璃。但是，这种人造水晶更加晶莹剔透，拥有多种色彩，加上设计和切割十分精妙，使其成为非常受欢迎的饰品。

图4.5.10 陈世英的"海洋妙舞"耳饰　　图4.5.11 陈世英的翡翠、水晶胸针

图 4.6.1 春带彩　　　　　　　　　　　　图 4.6.2 福禄寿

六、翡翠

玉石是指由自然界产出的，具有美观、耐久、稀少性和工艺价值，可加工成饰品的矿物集合体。玉石的具体品种是根据构成矿物集合体的主要矿物成分来划分的，也有一些根据产地和传统的名称来命名。

汉代许慎在《说文解字》中提出"玉，石之美者"，《辞海》中将玉解释为"温润而有光泽的美石"。玉石之美与宝石之美有着明显的不同，宝石之美在于它的坚硬、清澈、明亮、绚丽，而玉石之美则在于它的细腻、温润、含蓄、优雅。玉石自古便是高贵和纯洁的象征，首饰中常用的玉石材料很多，常见的主要有翡翠、和田玉、独山玉、岫玉、绿松石和青金石等。"古之君子必佩玉"，中华民族对玉石有着特殊的情结，不仅将玉石作为财富、地位的象征，还为它赋予了人格化的道德观，用美好的玉石体现我们的审美情趣、道德观念和文化内涵。

"翡翠"一词源于翡翠鸟的名字，是两种鲜艳色彩的代名词，即翡红和翠绿。到了清代，大量由缅甸出产的玉料进入皇宫，颜色也多为绿色或红色，所以人们将这些玉料称为翡翠。时至今日，这种质地坚韧、色泽通透的玉石已成为玉石中的王者。

翡翠是由硬玉、绿辉石等形成的矿物集合体，摩氏硬度为 6.5~7 度，能够呈现玻璃光泽，颜色非常丰富，有绿、红、黄、紫、蓝、灰、白和黑等。在一块翡翠上有绿有紫的称为春带彩（图 4.6.1），红、绿、紫同时存在的称为福禄寿（图 4.6.2）。对于这种高档玉料，评价时既要考虑它本身的品质，还要结合市场需求的影响。人们常常以"色""种""水""地""工"等词语来描述翡翠的品质，其实综合起来，它们主要反映了翡翠品质在颜色、结构、透明度、净度和工艺等方面的品质。

（一）"色"——颜色

首先，优质的翡翠颜色要满足浓、阳、正、匀、和，即颜色的饱和度和亮度要高，色调纯正，颜色分布要均匀、和谐（图4.6.3）。

（二）"种"——结构

结构则是指翡翠中矿物颗粒的大小、形态和结合方式。颗粒细小、结合紧密的翡翠会展现出温润细腻之感（图4.6.4上图）。

（三）"水"——透明度

翡翠的透明度又叫"水头"，它反映了光在翡翠中肉眼可见的穿透性（图4.6.4中图），所以人们常用水头"长""足""短"来表示。透明度好的称为水头足或水头长，说明光线穿透翡翠的能力好，有润泽通透的质感。

（四）"地"——净度

净度也是影响翡翠美观程度的因素，包括脏色和绺裂等（图4.6.4下图），净度越好的翡翠品质越高。

（五）"工"——工艺

工艺则包括选材设计、

图4.6.3 从左到右依次为红色翡翠、灰色翡翠、无色翡翠

翡翠结构颗粒大小级别表

晶体粗幼	非常细粒	细粒	中粒	稍粗粒	粗粒	极粗粒
价值	100%	−10%	−20%	−40%	−60%	−80%
肉眼观察晶体大小	0.1 mm，肉眼极难见到颗粒	0.1~0.4 mm，肉眼难见	0.5~1 mm，肉眼可见	1.1~1.5 mm，肉眼易见	1.6~2 mm，肉眼明显可见	颗粒十分明显

翡翠透明度六级分呈表（二）

非常透明	透明	尚透明	半透明	次半透明	不透明
玻璃种	次玻璃种	冰种	次冰种	似冰种	粉底
3~2分水，9~6 mm以上	2~1分水，6~4.5 mm以上	1.5~1分水，4.5~3 mm	1~0.5分水，3~1.5 mm	0.5分水以下，1.5 mm以下	不透光，无水分

翡翠净度级别表

净度级别	干净	微花	小花	中花	大花	多花
价值	100%	−5%	−10%	−20%	−40%	−60%
肉眼观察晶体大小	肉眼见不到瑕疵	肉眼可见到有瑕疵但反差不明显	肉眼可见边上的瑕疵	肉眼可见到反差大的瑕疵	稍微可见到反差大的瑕疵	明显见到瑕疵	非常明显的瑕疵，和底色的反差极大

图4.6.4 上：结构级别表；中：透明度分呈表；下：净度级别表

切割比例、雕刻和抛光工艺等方面。

在以上因素相近的情况下，翡翠体积越大价值越高。

正是这诸多因素使翡翠变幻莫测、魅力无穷，吸引了无数的爱好者佩戴和收藏。2017年2月，来自深圳的TTF品牌将百余件翡翠珠宝在位于塞纳河畔的巴黎中国文化中心展出，为巴黎带来了一阵时尚"中国风"，图4.6.5这条名为"玉兰花开"的项链成为全场的焦点。"玉兰花开"以植物兰花为主题，花蕊用黄金打造，花瓣用的是温润的和田玉，藤蔓则由帝王绿翡翠精心雕刻而成，与金属和钻石相互缠绕，生动柔美。

现在中国元素也成了各国珠宝设计师的宠儿，不少世界顶级的珠宝品牌纷纷推出了蕴含中国文化的珠宝首饰。图4.6.6这对耳坠的灵感来源于中国服饰文化中的风格意象，耳坠下方镶嵌了两枚雕花翡翠片，创新地使用蓝宝石来衬托翡翠的绿色。耳坠主体雕琢着寓意吉祥的传统云纹，每一朵卷云都镂空出立体饱满的形态；耳坠上部镶嵌两颗水滴形祖母绿，上下两个造型的边缘围绕着小颗粒的祖母绿和蓝宝石，如刺绣花边一般。

当然，翡翠也不只是定制珠宝首饰的专属，很多当代设计师将首饰作为画布，采用各种中式元素与翡翠相互融合，打造出了清逸的"新中式"珠宝。除了直接用翡翠雕刻动物形象，也可以将它作为造型的一部分，增添几分灵气。图4.6.7陈世英的这件名为《悟蝉知翠》的作品承载着深厚的中华文化底蕴，蝉身为优质的帝王绿翡翠，翅膀轻薄透光，两只前足捧着一颗如凝露般碧绿的蛋面翡翠。蝉身上晶莹的翡翠圆珠，采用内格榫卯嵌接法镶嵌，为了减轻胸针的总体重量，贴近蝉翼轻薄的质感，整件胸针使用钛金属为基底，纹理细致，栩栩如生。除去精湛的工艺，作品还包含着更深层的意韵。蝉的眼睛由红宝石点缀，代表着热情；蝉身下的紫罗兰是蓝色和红色的结合，蓝色有沉淀、平静之意，代表着热情经过了岁月的铅洗、沉淀、得到升华。而竹子常被赋予"君子"之意，蝉依附于竹也表达了设计师对玉文化的理解与深度思考。

与此同时，年轻设计师杨光创立了自己的工作室——Sole Yeung，在不断融合中外设计元素、创新工艺的加持下寻求传统翡翠与现代美学的微妙平衡。图4.6.8这一系列作品，用不同形制、色

图4.6.5 "玉兰花开"项链　　图4.6.6 萧邦"Silk Road"系列翡翠耳坠　　图4.6.7 陈世英《悟蝉知翠》

首饰艺术

图 4.6.8 左为"浮世绘·创"灰色翡翠耳坠，右为菊花黄翡翠耳坠

彩的贵金属与镂空翡翠花片相互嵌合而成，打破了传统思维中翡翠以绿为美的固有观念。其将多彩的翡翠片作为主体，融合世界名画、《山海经》、名山大川等形象元素，通过大面积雕花打造更具现代时尚感的风格。金属部分采用温婉变幻的曲线，意象化地展现了设计师的创作理念。金属表面融合了创新的彩金渐变、钻石喷砂、手工钉砂等工艺，才形成了如此独特的视觉效果。我们欣喜地看到，当代青年设计师的作品正以更加鲜活的设计风格、更具个性的设计语言、更多元化的设计视角，展现着对中华传统文化的自信，引领着珠宝首饰设计的新风尚。

七、软玉

上一节中讲到的翡翠属于玉石家族中的硬玉，是一种硬度比较高的玉，其中缅甸生产的翡翠是硬玉中最为出名的一种。软玉（图 4.7.1）相对硬玉来说就是硬度比较小，由钙镁矽酸盐矿物组成

图 4.7.1 软玉

的玉石，中国新疆的和田玉、青海的软玉等最为出名。

中华民族爱玉、赏玉、比德于玉，不仅是对玉石本身温润材质的喜爱，更重要的是玉石能唤起人们对古老文化的眷恋、对天地自然的敬畏、对品德的自律、对祖先的崇拜以及对本民族的认同。在数千年瑰丽的玉文化中，产自万山之祖——昆仑山脉的软玉，在我们华夏文明中有着灿烂的历史和举足轻重的地位，人们用玉、爱玉、尊崇玉，并将软玉本身的特性看作卓越的道德品质，使得软玉在政治、经济、文化、思想、伦理、宗教等各个领域中都充当着特殊的角色，发挥着其他宝石所不能取代的作用。

我国先民对软玉的开发历史悠久，从7000多年前的新石器时代开始，软玉就成为人们生活中不可或缺的一部分。元朝统一中国后，新疆软玉的开发也步入了鼎盛时期，琳琅满目的软玉制品涵盖了日常生活用品、饰品、礼器（图4.7.2）、祭器甚至丧葬用器，它质地细腻、温润柔美，尤其纯净无瑕的白玉更负盛名。根据古籍记载，白玉为天子专用，皇帝佩戴的冕旒、象征皇权的玉玺，以及玉佩、带钩等都要选用上等的白玉，众所周知的和氏璧要用15座城池去换取。直到今天，白玉中的极品羊脂白玉仍然是软玉大家族中当之无愧的佼佼者。

除白玉以外，软玉还有很多其他的颜色品种，主要有青白玉、青玉、碧玉、黄玉、墨玉、糖玉等。用于制作首饰的软玉颜色要柔和均匀、色泽纯正，

图 4.7.2 我国古代的玉礼器

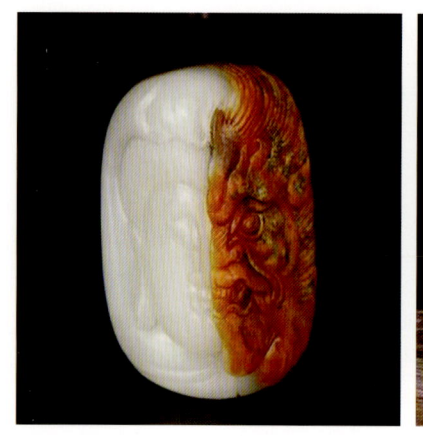

图 4.7.3 软玉俏色设计

白如凝脂、青如苔藓、绿如翠羽、黄如蒸栗、黑如纯漆；质地要坚韧、细腻光洁。优质的软玉能够呈现温润的油脂光泽，瑕疵越少越好，尽量避免纹、裂，这样的玉料在设计制作时更要因材施艺，尽量保留玉料的重量。对质量稍差的玉料可以因循就势、去除明显的绺裂瑕疵，或因材制宜、俏色设计、雕刻造型。

在传统首饰中，软玉多以雕件、挂坠、珠串的形式出现，题材主要有佛公、菩萨、生肖以及带有吉祥寓意的各类形象。传统首饰中的动物如龙、凤、马、牛、羊、象、鱼、飞禽、貔貅等，植物有梅、兰、竹、菊、牡丹、灵芝、葫芦、白菜等寓意祥瑞、太平、幸福、长寿、财富的造型。

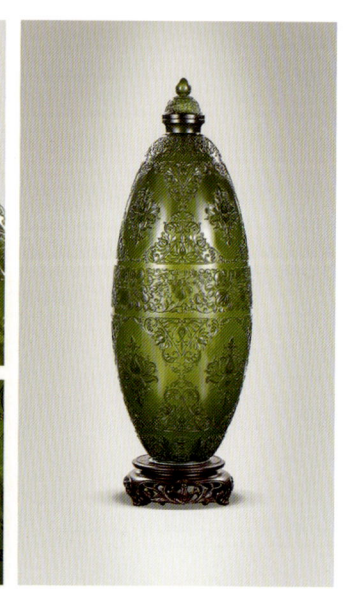

图 4.7.4 青玉迎春宝相花纹瓶

（一）俏色

人们在数千年与玉石材料的对话中探索出了许多精巧的加工方法，雕琢的技术不断提高，制作的工艺也在日趋完美。例如，当多种颜色出现在一块玉料上时可以采用俏色巧雕（图 4.7.3）的方法，以此展现景深、画面变化、颜色分布或是突显主题内容。俏色会产生视觉上的强烈对比，往往起到画龙点睛的作用。比如以白玉上深色部分的分布来模拟山水图卷，通过深浅色泽的反差对比，在突出主体内容时，将环境的层次清晰地表达出来，通过颜色之间的柔和过渡，营造出"造化钟神秀，阴阳割昏晓"的美好意境。

（二）薄胎

除了传统的雕刻技法外，由于软玉的韧性极高，不易破损，因此可以加工得很薄，这就是薄胎工艺。我们常把碧玉、青玉等绿色系的软玉做成薄胎的艺术造型，使其颜色出现深浅和明暗的变化，由阴转阳、返青为白，提高观赏价值。薄胎工艺对玉料的质地要求非常高，要细腻坚韧、没有瑕疵，这样才能在玉雕工艺师们鬼斧神工的雕琢下呈现均匀透光的效果。图 4.7.4 这件青玉迎春宝相花纹瓶，周身布满了繁复精细的缠枝纹，整体古雅娟秀，又不失端庄大方，韵致唯美；瓶壁均匀，纤薄透光，对称性极佳，瓶口与瓶盖咬合严实，制作工艺相当复杂，有种薄似蝉翼、轻若浮云的极致美感。

（三）镶金嵌宝

此外，还有一种精妙奢华的镶金嵌宝工艺，将金属和宝玉石结合，通过这种方式，可以大大提高软玉作品的创造性和表现力。清代乾隆时期，宫廷玉器有一部分就采用了镶金嵌宝的制作工艺，在紫禁城内迅速走红，时至今日我们在故宫博物院内仍能看到（图4.7.5左图）。当然，镶金嵌宝除了装饰生活玉器，比如玉杯、玉碗、玉瓶、玉壶等，还会用于玉佩制作中。例如4.7.5右图这块玉佩，表面用纤细的金丝勾勒出花纹轮廓，再镶嵌钻石和各种彩色宝石，玉质的温婉和金属、宝石的绚丽彼此呼应、华丽繁复。

例如2008年北京奥运会的奖牌（图4.7.6）就采用了典型的金玉结合制作方法，先将金属塑

图4.7.5 左为清代白玉镶金嵌宝花卉双耳瓶，右为清代白玉镶金嵌宝玉珮

图4.7.6 北京奥运会奖牌

形,再利用金属的延展性将玉石固定起来。通过这种方法,可以将玉器设计得更加精巧,使艺术性和商业性达到完美的平衡。如今,我们越来越注重传统文化和民族元素的传承,国内的许多珠宝设计师都在软玉材质的首饰款式上不断地追求创新。在传统的赏玉文化观念中,玉料品质是第一位的,而设计师们通过革新工艺款式和佩戴方法,能够进一步提高玉石首饰的工艺价值和装饰价值。除此之外,我们也可以借鉴金属工艺中错金银的加工思路,在玉料上刻槽勾勒图纹,再填入金银丝,或者镶嵌宝石,这使传统技法与现代工艺技术碰撞出绚丽的火花。

鲁迅美术学院的许亨老师是发掘东北青玉(河磨玉)内在语言的高手,他的作品真正做到了释放和激活材料本身的天然特质,将主题和材料的结合达到全新的高度,以简练的线条及大胆的创意手法给传统的玉雕注入了新的活力。其代表作《唐华宋韵》(图 4.7.7)采用圆雕、错金银工艺雕刻、镶嵌而成,清新温润的玉质,营造出整体淡雅端秀的效果,富贵的金银赋予作品绚丽多彩的色泽和庄严的底蕴。

人们常说,黄金有价玉无价。软玉作为中国玉文化重要的组成部分,在设计和制作首饰时既要发扬传统,也要充分结合现代工艺技术,在映衬玉料之美的基础上,创新款式造型和设计语境。

八、绿松石

绿松石是世界上最古老的玉石品种之一,早在新石器时代就已被用来制作装饰品了。我国最早出土的绿松石饰品见于河南郑州大河村的仰韶文化遗址和陕西西安半坡文化遗址中,距今已有 6500 年历史。而这件嵌绿松石兽面纹铜牌饰(图 4.8.1)出土于河南偃师二里头文化遗址,是早期发现的绿松石器物中最精美的镶嵌铜器。在这件器物上,绿松石被磨成各种形状的小块互相嵌合,如此精美的杰

图 4.7.7 许亨《唐华宋韵》

图 4.8.1 嵌绿松石兽面纹铜牌饰

第四章 | 首饰的材质之美

作，表明早在夏代绿松石镶嵌的技法就已经相当成熟，同时也开启了青铜器镶嵌工艺的先河。

据考证，绿松石这个词源于清代章鸿钊的著作《石雅》："此或形似松球，色近松绿，故以为名。"而它的英文名称 Turquoise 来源于法语，意思是土耳其玉或突厥玉。但事实上土耳其并不出产绿松石，相传是古代波斯出产的绿松石经由土耳其输入欧洲，久而久之人们也就把它称为土耳其玉了。有许多地区的民族会把绿松石视为神圣之物，比如古波斯帝国的人们会将天蓝色的松石戴在颈间或手腕处以抵御非自然死亡，如果石头的颜色发生改变人们就会认为死亡将近。古埃及著名的图坦卡蒙黄金面具（图 4.8.2）上，也用了大量的绿松石。印第安阿帕奇部落会把绿松石作为护身符，并相信这种玉石能够提高弓箭手的命中率，所以它代表着胜利、祥瑞，也被称为"成功之石"。

图 4.8.2 图坦卡蒙黄金面具

绿松石的颜色比较独特，以蓝绿色调为主，人们称之为"绿松石色"。可以分为 3 个颜色大类：天蓝色，蓝绿、黄绿、浅绿色，另外还有些呈黄色、灰白色。高品质的绿松石颜色鲜艳，硬度较高，能够呈现玻璃光泽。有些绿松石质地比较疏松，硬度也较低，会呈现蜡状或土状光泽。我们经常能在绿松石上看到一些深色的纹路和色斑，这是由褐铁矿和碳等杂质聚集形成的，被称为铁线（图 4.8.3）。最好的绿松石是天蓝色的瓷松，如雨过天晴，蓝绿色给人秀丽清新之感；其次是绿色，洋溢着青春、热情和朝气。绿松石适用于制作各种首饰，品质上乘纯净的绿松石可以磨成弧面形或随形，用于镶嵌戒面和吊坠，中等品质的可以用作串珠，块形大的则适合做成雕件。制作时要在尽量保证重量体积的基础上先粗磨、去皮去黄，留下玉质纯净的部分，再确定尺寸、精细加工。

图 4.8.3 绿松石铁线对比

绿松石在全球储量都比较丰富，色泽又如此特别，因此颇受首饰设计师的青睐，用于各类宝石的色彩搭配与协调。例如图 4.8.4 这枚戒指就设计了巧妙的扭转结构，由两层漩涡造型的戒面组成，上层为 4 组弧形轮廓的绿松石，下层交替镶嵌蓝色、黄色和橙色的蓝宝石。轻轻转动中央的

图 4.8.4 绿松石扭转戒指

101

绿色碧玺，就可以带动绿松石戒面缓缓旋转，展现出下层宝石的绚丽色彩。

绿松石也可以根据首饰的造型要求雕刻成各种生动的形状，图4.8.5这条项链以"东方舞会"为主题，用大块的顶级绿松石精雕而成，点缀了钻石和尖晶石，看上去体积很大但佩戴时却没有负重感，因为绿松石斜垫面的连接给项链提供了最大的灵活性，会使之随着佩戴者的身体活动来调整形态。

需要注意的是，绿松石色泽娇贵，要防止杂色侵入，因此要避免长期接触肥皂、香水、化妆品等，也要避免高温和长时间的暴晒，防止失水造成褪色。佩戴以后可以用软布擦拭表面单独存放，避免与其他硬度高的珠宝产生刮擦。

拓展知识：

世界上绿松石的产地有中国、美国、伊朗、埃及、俄罗斯、秘鲁等。数量层面，中国是绿松石的主要产出国之一，湖北十堰是世界上最大的绿松石产地，约占世界总产量的一半。除此以外，安徽、新疆、云南等省、自治区都有出产绿松石。品质层面，美国绿松石是业内公认的最好的绿松石。原因分为两点：首先是在色调上，中国绿松石主产地在湖北，这里的土质含有丰富的铜铁矿物，绿松石基本以蓝绿色调为主，且偏绿色的较多，而美国绿松石以铜元素致色较多，所以以蓝色调为主。其次是在硬度上，中国绿松石的质地较为松散，硬度也较低，而美国的绿松石质地较为紧密，硬度较高。

九、青金石

在首饰材料中，还有一种被称为色相如天的玉石，它就是青金石（图4.9.1）。《石雅》中曾这样称赞它："青金石色相如天，或复金屑散乱，光辉灿烂，若众星丽于天也。"静谧深邃的蓝色上星布金光点点，让人联想到天空、海洋、宇宙、星辰……这种颜色也被称为宝蓝色或帝青色。故宫博物院中有文献记载："皇帝朝珠用东珠一百有八……大典礼御之，惟祀天以青金石为饰。"

图4.8.5 "东方舞会"主题项链

图4.9.1 青金石

图4.9.2 清康熙青金石珊瑚朝珠

只有在祭天的时候，皇帝会佩戴青金石制作的朝珠（图 4.9.2）。在古埃及和古巴比伦王国，青金石都有着举足轻重的地位，距今 3000 多年的图坦卡蒙法老墓也出土过大量的青金石雕件、首饰等。（图 4.9.3）

作为一种玉石，青金石不仅可以制作珠宝首饰，也很适合用来雕刻佛像、瓶、炉、动植物等。此外它还是一种重要的画色和染料，著名的敦煌莫高窟（图 4.9.4）、千佛洞等的彩塑上均可见它的身影。这种鲜艳又饱和的颜料就是群青，曾用在我国十大传世名画之一《千里江山图》中渲染青绿山水（图 4.9.5），也曾用于描绘《戴珍珠耳环的少女》画像中美丽的发带。

因此，优质的青金石以蓝色调浓艳、纯正、均匀为佳，质地要致密细腻，没有裂纹。当青金石含有黄铁矿时就会出现金色的斑点，分布均匀似点点星光的也能成为上品，但如果黄铁矿在局部成片分布，则将影响青金石的质地，如果再交织有白色方解石，其价值就会相应降低（图 4.9.6）。

传统首饰常以青金石做雕件，或直接做串珠等文玩配饰。青金石在现代首饰中同样受到众多设计师和珠宝品牌的青睐，湛蓝深邃的颜色与明亮的金属会产生强烈的明度对比，纯净无白无金的高品质青金石可以雕刻为任意造型、呈现首饰

图 4.9.3 古埃及青金石圣甲虫首饰

图 4.9.4 莫高窟壁画

图 4.9.5 《千里江山图》局部

图 4.9.6 左为纯正青金石颜色，右为含黄铁矿的青金石

首饰艺术

不同的风格语境,或古典优雅,或精致现代,或憨态可掬。梵克雅宝的诺亚方舟系列珠宝塑造了很多栩栩如生的动物造型,比如图4.9.7这对以青金石和孔雀石打造的小象,脚底还点缀有蓝宝石;还有用纯净的青金石和绿松石做成的鹦鹉胸针(图4.9.8),每种动物都独具个性,与众不同。

另外,有些首饰作品会专门选择使用带有金点的青金石料,图4.9.9用斑斓的青金石表现轻歌曼舞的蝴蝶,图4.9.10这对耳饰以青金石为底,用黄金塑造出浮雕式的狮子形象,金色的黄铁矿斑点与之交相辉映。

拓展知识：

从矿物的角度来看,青金石是一种铝硅酸盐矿物,它成分复杂,微透明至不透明,硬度中等,遇到盐酸时会缓慢释放硫化氢。从玉石科学的角度来看,青金石不是单一矿物,而是主要由青金石矿物和少量方解石、透辉石、云母、角闪石等杂质组成的矿物集合体,它是一种成分复杂的岩石。青金石颜色的变化是由它各种矿物成分的含量决定的,青金石中的"星星点点"是黄铁矿。

青金石的形成与岩浆活动密切相关,岩浆活动发生时,放出的热量和挥发性物质会对周围原岩产生一定的影响,导致周围接触带岩石的化学成分发生显著变化,从而产生大量新矿物,形成新的岩石和构造。在地质学上,这种变质作用被称为"接触交代变质作用"。青金石是这种变质作用的产物,通常形成于岩浆岩与周围原岩的接触带中。

青金石的产地在世界上并不多,巴达赫尚省在阿富汗有着最早、最著名的采矿历史。当地的一个青金石矿床已经开采了6000多年。此外,南美洲的安第斯山脉、俄罗斯的贝加尔湖西部、安哥拉、缅甸、巴基斯坦、加拿大、意大利也有少量产出。

图4.9.7 青金石小象首饰　　　　　　　　　　　　　图4.9.8 青金石鹦鹉胸针

图4.9.9 青金石蝴蝶胸针　　　　图4.9.10 青金石狮子耳钉

十、珍珠

自古以来，珍珠就以其美丽的外观和独特的光泽备受人们的青睐，被誉为宝石皇后（图4.10.1）。在尚未有文字记录的史前时代，人们就在海边寻找食物时偶然发现了贝类中的珍珠，它浑圆天成、色泽柔美、珠光雅亮，不需要任何打磨就能够成为一件迷人的装饰品。但由于古时的开采捕捞技术有限，能够获取的珍珠就显得异常宝贵，因此各国历代的君主都对它非常看重。我国历史上有关珍珠的文字资料非常丰富，由于材质的特殊性，迄今留存的实物最早能够追溯至西汉时期。

两汉、魏晋南北朝至唐宋时期，珠宝贸易市场开放繁荣，元朝时珍珠产量巨大。到明清时期，我国北方的淡水珍珠产量几近枯竭，南珠产量也急剧下降，以至于明令规定只有皇帝、皇后和皇太后才能佩戴珍珠首饰。当时宫廷首饰中经常用珍珠与各种材料搭配制作，风格样式繁多。明代孝端皇后的六龙三凤冠（图4.10.2）由黄金制成，通体点翠，龙凤间饰以大朵珍珠团花，中间镶嵌红蓝宝石，两侧的龙口衔着长长的珍珠流苏，整个凤冠共用了5449颗大小不一的珍珠，具有非常高的历史和文化价值，是被列入永久禁止出境展出的文物之一。

图4.10.3这款清代的手镯呈双龙戏珠造型，双龙刻画精妙，中间的绿松石珠饰以团寿纹，镯壁内侧錾刻龙鳞，外部环饰16颗珍珠，珍珠体型饱满，晶莹圆润。而图4.10.4这对手镯的原材料是天然的红珊瑚，也是一种常用的有机宝石，比手臂粗的珊瑚原枝经过切割、掏空、打磨，舍弃六七成的原料才能做出这样一只，上面镶嵌的数枚珍珠更是精妙。

图 4.10.1 珍珠

图 4.10.2 明代孝端皇后的六龙三凤冠

图 4.10.3 清代双龙戏珠手镯

图 4.10.4 红珊瑚珍珠手镯

新中国成立以后珍珠养殖业再度发展,目前我国淡水养殖珍珠的数量达到了全球的75%。在传统的审美观念中,浑圆的珍珠最适合做珠串首饰,此外还有椭圆形、水滴形以及不规则的异形珍珠,这些珍珠如果经过巧妙的设计也会产生意想不到的美学效果和极高的艺术价值。16~17世纪的欧洲,异形珍珠风靡一时,它被称为巴洛克珍珠,在葡萄牙语中意为不规则的珠子。艺术家们用它和金属、宝石材料设计了许多精美的首饰作品。具有代表性的就是图4.10.5这个坎宁海神吊坠,它的躯干部分和边缘悬挂的都是天然巴洛克珍珠,后来巴洛克也成为欧洲文化中一种典型的艺术风格。图4.10.6这顶珍珠泪王冠陪伴了历任英国王妃,大小不一的巴洛克珍珠塑造出了一种与众不同的独特魅力。

首饰中常见的珍珠颜色有白色系、红色系、黄色系、黑色系等。与其他宝石材料不同,珍珠除了具有自身的体色,还有特殊的伴色和晕彩,在光线的照射下会呈现出丰富的色彩层次和迷人的珠光。例如白色珍珠会有粉色、灰蓝色的晕彩,好的黑珍珠会呈现如孔雀绿、浓紫等晕彩(图4.10.7),正是这些特殊的光学效应赋予了珍珠朦胧、含蓄、高雅、温婉的美感。珍珠的珠层越厚光泽越强,珠面越光洁无瑕品质越佳。

戴安娜王妃曾说:"女人如果只能拥有一件珠宝,必是珍珠。"香奈儿女士也曾凭借一袭黑裙和一串珍珠项链创造出了经典独特的时装风格(图4.10.8)。这种经典的串珠款式可以由不同

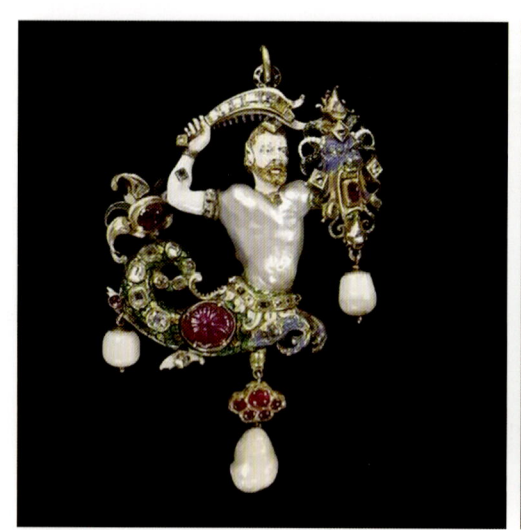

图4.10.5 巴洛克珍珠海神吊坠

图4.10.6 珍珠泪王冠

图4.10.7 黑珍珠的晕彩

图4.10.8 佩戴珍珠的香奈儿女士

图 4.10.9 渐变色叠戴珍珠项链

的珠粒大小、渐变颜色组成，也可以由多条叠加丰富装饰的层次感（图 4.10.9），为女性增添优雅、柔和之美。细致精巧的单颗珍珠镶嵌，给人简洁干练的印象，这是珍珠首饰最适合日常佩戴的类型。而在质地优良、色泽高贵的复杂镶嵌款式中，柔美的珍珠和闪耀的宝石相互映衬，更能突显佩戴者别样的时尚感。图 4.10.10 以自然花卉为灵感，用白色金属勾勒出纤细的花枝，末端延伸出不同大小的钻石花瓣和白色珍珠，错落的排列就好像精心扦插的花束，创造出纯净的冰雪意境。

时尚总是循环往复的，现代社会人们也会追求返璞归真。近几年异形珍珠又重新得到设计师和消费者的青睐，再度成为时尚首饰界的宠儿，不同颜色和形态的珍珠造就了无数设计新颖、充满创意的作品。图 4.10.11 这枚戒指是欧尼拉·伊安努兹的作品，她用金属模拟浪花翻滚，将一颗不规则形态的珍珠托出水面。这些奇异的巴洛克珍珠为古老的珍珠家族带来了新的生机与活力，无论是极简主义、仿生设计，还是现代风格，巴洛克珍珠都很适合日常佩戴。设计师运用不同的设计语言将每一颗天然珠粒的特点放大，做出更多更具个性化的首饰，消费者可以通过选择不同类型的珍珠饰品改变造型风格，呈现首饰更丰富的趣味性。

需要注意的是，珍珠、珊瑚这类有机宝石的主要成分是碳酸钙，在保存时要远离酸性环境或高温潮湿的地方，表面的划痕也会影响珍珠的光洁度，所以佩戴和收放的时候要轻柔，尽量避免表面的珍珠与别的宝石或金属摩擦。

现代的首饰风格更加时尚多变，新技术的使用和不同材料的搭配推动着珍珠首饰不断地向个性化发展。"珠""宝"在华夏文明中，如胶似漆地联系在一起，成为中华文化里立体的画、无声的诗。

设计师天马行空的想象赋予了珠宝首饰更多的表达空间，而越来越丰富的首饰材料也为我们持续带来无限的惊喜。《考工记》曾说："天有时，

图 4.10.10 香奈儿珍珠戒指 　　图 4.10.11 欧尼拉·伊安努兹的异形珍珠戒指

地有气,材有美,工有巧,合此四者,然后可以为良。"希望大家能够保持对首饰材料和工艺探索的热情,不断发掘首饰文化的美与价值。

拓展知识:

珍珠的分类

珍珠分为海水珠和淡水珠两大类,主要区别有 5 点。

产出环境不同:海水珠产自热带或亚热带海域;淡水珠主要产自江、河中。

形状不同:海水珠是有核养殖的,形状多为正圆形;淡水珠一般是无核养殖,极少有核养殖,常见椭圆形、扁圆形、近圆形、异形。

光泽不同:淡水珠的主要成分是珍珠质,表面呈现的是柔和的金属光泽;海水珠的珍珠质是覆盖在表面的,光泽感比淡水珠更强。

产量不同:海水珠的产量很低,一般平均 3 只贝才能产 1 颗海水珠;淡水珠的产量比较高,一般 1 只贝产 6~8 颗珍珠。

价格不同:由于产量稀少、光泽感强等原因,海水珠的价格要比淡水珠高得多。

CHAPTER 5

第五章

专题讨论

一、首饰设计中形式与功能的关系

首饰设计，是指用图纸表达的方式对首饰进行创作，即将头脑中对某一首饰的创意和构思用图纸逼真地表现出来。它是一种造型设计，也是一种产品设计，是把人脑中某种能体现情感及和谐的材质和形式美，并具有装饰功能或使用功能的造型用图样表现出来，它强调功能与形式的统一。

功能与形式的关系是现代设计发展的主要矛盾，这种矛盾在首饰设计中同样存在，本节我们就一起探讨一下首饰设计中功能与形式的关系。

（一）首饰设计中功能与形式的和谐

功能与形式达到和谐的状态是现代首饰设计追求的目标之一，二者相辅相成才能推动设计向前发展。在首饰设计中，首饰的功能、造型（形式）和物质技术条件是首饰设计的3个要素。功能是指首饰在人使用的过程中能展示出的某种性能；造型（形式）是指首饰外形；物质技术是指在生产首饰时所具备的技术、工艺和设备。功能是首饰设计的主导性因素，但不是唯一因素，功能决定了首饰的价值，其他因素则影响了首饰的附加值。

任何设计都需要处理好功能与形式的关系，正如黑格尔指出，功能是在具体感性的形式中显现出来的功能，形式又是显现功能的感性形式，功能与形式不可分离，艺术要把这两方面调和成为一种自由的、统一的整体。我国古代哲学家老子也提出了关于形式与功能的名言："埏埴以为器，当其无，有器之用。凿户牖以为室，当其无，有室之用。故有之以为利，无之以为用。"老子提出的这种有无相生的观点正是体现了形式与功能的辩证统一。糅和陶土做成器皿，有了器具中空的地方，才有器皿的作用；开凿门窗建造房屋，有了门窗四壁内的空虚部分，才有房屋的作用。所以，"有"给人便利，"无"发挥了它的功用。

对于形式与功能的探讨，在19世纪末，路易斯·沙利文提出"形式追随功能"的观点，这种观点解决了设计界关于形式与功能主次问题的探讨，对当时的设计界产生了深远的影响。这种思潮主要是针对欧洲上层贵族设计而言，反对设计中矫揉造作之风，主张用几何图形去表现设计。这一时期简洁明快的建筑设计和工业设计在社会中层出不穷，简约洗练的设计风格成为追求，"少即是多"是这种风格的表现手段。20世纪二三十年代，以包豪斯为代表的一大批功能主义设计师，他们设计出与传统贵族设计风格大相径庭的简洁风格，引领了大众设计的潮流，甚至在我国首饰产业起步的头几十年里，商业款的设计一直受到"少即是多"风格的影响。

然而"形式追随功能"强调在设计中功能的重要性，但是过分强调功能势必造成产品的千篇一律，缺少地域特征。对这种观念的过度追求使人们把功能仅仅理解为"事物自身的固有性能"，这种机械化、单一化的理解，认为功能美即机械美，机器批量化生产使产品外形相似，缺乏应有的个性和人文气息。盲目地强调功能的重要性而忽视形式，限制了设计师对同种事物的多种表达，无法满足人们对产品多样化的需求，单纯追求功能主义只能反映特殊历史时期的需求，并不能作为衡量设计优劣的唯一标准。"形式追随功能"只是传统设计向大众设计转型的一个阶段，在不同的历史阶段里利弊各有显现，需要辩证地对待。

与"形式追随功能"相对立的观点是"形式至上"，这种设计风格表现出耳目一新的视觉张力，很容易吸引人们的眼球，受到人们的青睐，但是这种设计风格没有人文情感作为支撑，很快就失去了生命力。意大利孟菲斯小组倡导一种"舍弃质感，只重形式"的设计风格，这种设计风格比较重视产品的色彩、肌理、透明度等，即比较重视产品的表现形式，强调设计中人的主观情趣的表达，反对现代主义和国际主义风格理性机械的表达方式。由于他们采用激进的色彩，其作品的缺陷是显而易见的，如果不能正确处理形式美，任何惊世骇俗的设计只会让人感到怪诞、不和谐、难以理解。

这种形式至上、观念表达至上的设计风格同样也在我国首饰艺术领域表现突出。为了对抗机械化工业生产造成的我国首饰设计市场千篇一律的设计风格，一部分最早学习了西方当代艺术的艺术家也在探索首饰设计的形式和观念表达，如何丰富首饰的情感、内涵、形式。一方面，这种设计思潮对于同质化严重的中国首饰设计提出了批评、指明了出路，但另一方面也造成了一部分设计在虚无造作的路上越走越远，背离了首饰设计的功能性，出现了很多四不像的设计。

美是变化发展的，随着社会的进步、科技的发展，人们对美的理解不仅仅局限在表面，对产品技术的追求同样在变化发展。任何只注重形式或者只注重功能的观念，只能将设计推向一条不归路，正如唐纳德·诺曼在《设计心理学》一书中指出：设计人员一不小心就会陷入两种致命诱惑，即悄然滋长的功能主义和陷入误区的外观崇拜。形式与功能是相互依存、相互制约的辩证关系，两者更好的发展还需要融入民族文化、生活情感、精神追求等。

（二）现代首饰设计比例、尺度的合理把握

设计是人类所特有的实践活动，是和动物区别的标志之一，马克思在《1844年经济学哲学手稿》中留下了一段名言："动物只是按照它所属的那个种的尺度和需要来构造，而人却懂得按照任何一个种的尺度来进行生产，并且懂得处处都把固有的尺度运用于对象，因此，人也按照美的规律来构造。"马克思所提到人的第一个"尺度"即生理尺度，满足人们的生活生产的需求，掌握事物发展的规律使"自在之物"转化为"为我之物"。马克思所提到人的第二个"尺度"，即所谓的心理尺度，由于对尺度的把握不同，设计所呈现的面貌及给人的心理感受也会不同。

在设计现代首饰的过程中，材料、色彩、技术、传统元素、工艺等合理有效的搭配，是对比例、尺度的合理把握。然而，设计中的美是变化发展的，设计的比例、尺度也同样是变化发展的。古罗马著名工程师维特鲁威在《建筑十书》中提出建筑设计的三原则：美观、实用、坚固。这是古老的时期对建筑设计"度"的把握，这种对建筑本质的阐述一直影响至今，对首饰设计行业同样适用。

黄金分割比是在现代设计中运用最多的"法则"，生活的方方面面都能察觉到它的踪迹。在园林设计中也能看见黄金分割比的踪迹，苏州园林中假山、倒影与水域形成了黄金分割的关系，视觉效果很好，这种设计手法在现代景观设计中经常被采用。

另外，现代设计对比例、尺度的严格把控的最终目的在于适应人的心理发展需求，以人为中心的设计才是好设计，具有人文气息才能够打动人，和谐的设计能达到人与环境的有效统一。

在首饰设计中要做到形式与功能统一、尺度合理通常要考虑以下5个方面的因素。

（1）设计的作品是否符合视觉审美原则，即造型是否美观。

（2）设计的作品是否符合心理审美原则，即符合人的社会的和情感的需求。

（3）设计准备使用什么金属材料和宝石材料，或其他非贵重材料。材料的选取应能充分反映和烘托设计的目的，并考虑其加工的可能性。

（4）在作品的制作过程中，加工技术和工艺水平是否达到要求。

（5）首饰的类型是否符合功能上的要求。如戒指是否能戴在手指上，项链是否能戴在脖子上等。

（三）现代首饰设计与地域文化的融合

设计是人独有的创造性的实践活动，是人们思维活动的物化表现，人们的思维会受地域文

化的影响。随着历史的发展，设计风格也会发生变化，在某种意义上，设计风格反映的是一个民族的审美情趣，日本以其朴素又安静的侘寂美学风格，北欧以其简约、自然、人性化的斯堪的纳维亚风格在国际上具有醒目的设计地位。纵观国内外设计发展历史，由于每个地域的文化风情、生活方式、审美不同，思潮的变革引起的设计风格变化也有差别。不同的设计风格相互交融、碰撞，除了包容其他优秀文化元素，更需要弘扬本民族的文化。

文化是一种"形而上"的抽象表达概念，文化元素是一种"形而下"的具体表现形式。优秀的设计采用简洁、凝练的文化元素来表达文化，文化元素微妙的表达需要考究细节，地域风情的差异也会对产品细节提出不同的要求。例如日本设计的产品小巧而精致，在产品的外观设计上透露出"空寂"的哲学思想；德国设计重理性、重功能、重技术，设计的产品同样具有德国人严谨的气质，往往在内在质量上处于不败之地。

设计是设计师思维特征的具体表现，不同地域的设计师对同一事物的表达手法不同。我国历史悠久，文化底蕴丰厚，然而面临着全球化的影响，我们不仅需要传承传统经典文化，更需要在国际上拥有属于本国话语权和能够宣扬中国传统文化精髓的现代表达，树立本国文化形象的同时深层次地思考我国的哲学思想。在哲学思想的引导下，文化元素不仅是一个符号，更是一个国家的精神象征。

在信息迅速发展的今天，恰当处理现代首饰设计的功能与形式、合理把握尺度已成为基本的设计要求，人文元素则成为主导因素。在设计中不仅仅需要考虑人的需求，更需要表达地域性文化元素，人和文化的巧妙结合是设计永无止境的追求目标，也是我国首饰设计不再盲目模仿国外设计，找到自己的设计风格和定位的关键一步。

二、金属工艺的双重属性

绝大部分首饰的材料中都包含了金属，古今中外金属工艺的发展又在首饰艺术上体现得淋漓尽致，因此，某些时候欣赏首饰艺术也是欣赏其中的金属工艺。

本节我们就一起讨论一下金属工艺中"工"与"艺"的关系。

（一）金属工艺的概念

金属工艺通常是指用金属材料制作艺术作品的工艺。一方面，由其材料本身所具有的特殊性和加工方法的复杂性所决定；另一方面，也是因为其材料和加工技术的好坏将直接影响作品的艺术质量，所以"工艺"在此具有重要的地位。同时，对于金属工艺这一称谓，容易在人们的观念中造成某种误解，即过分关注其加工技术的重要性而忽视作品的艺术内涵。这是因为一般对"工艺"一词的解释是：将原材料或半成品加工成产品的工作、方法、技术等。其实，金属工艺这门艺术真正感动我们的应该是其表象背后所具有的独特精神内涵，也就是艺术家通过材质、加工技术所传达出的艺术风格、创作思想、审美观念及所反映的社会风尚。因此，"金属工艺"中"工艺"一词具有多重含义，它不仅用来表示人的能力、技术，以及人作用于材料的方法，同时还体现着人类的思想、智慧和精神。

纵观古今中外，金属工艺的发展历史，可以说既是一部加工技术的发展史，又是一部人类社会与人类精神的发展史。人们通过获得的专业技能表达对自己生存方式的思考，以及思想观念的更新和精神价值的追求。

（二）我国传统器物中的"工"与"艺"

从我国金属工艺的发展概况可以看出"工"和"艺"的各自特征和相互关系。我国早在商周时期就已经掌握了较完善的青铜制作工艺，并已具备了成熟的炼矿、制范、熔铸等加工技术。如发明了陶范法，即先用泥土塑出一个个造型，然后进行雕刻、烘干，再用澄滤过的细泥制成泥片，附在胎的外面，使其成器形外模并显出花纹，这就是外范。再制一个内范，内范与外范之间的空间距离，就是器壁的厚度。将范烧制成陶后，就可浇注铜液了。商代的后母戊鼎（曾名司母戊大方鼎）（图 5.2.1）等就是以这种方式铸造的艺术精品。这件已知中国古代最重的青铜器鼎身和四足为整体铸造，鼎耳则是在鼎身铸造完毕后再装范浇铸而成，工艺复杂，所需金属材料超过 1000 千克，体现了先人精湛的技术及所创造的青铜文化的辉煌。战国时期，冶铁技术的迅速发展，产生了坚韧锐利的铁器，也使金属工艺的加工技术进入了一个新的历史时期。这种铁器工具，可以在铜器上刻画，使线条细如发丝，也可以刻出阴纹后，再嵌以红铜或金银细线，因此出现了错金银的加工方法，同时，还出现了焊接技术、镶嵌技术、鎏金工艺和失蜡铸造工艺。金属的加工技术丰富多样，产生了许多纤巧、华美、富丽的金属工艺作品，当时的许多技术一直沿用至今。

（三）现代金属器物中的"工"与"艺"

随着时代的发展、技术的进步，金属工艺也伴随着工业革命的脚步，发生了巨大且深刻的变化，新材料、新技术的不断应用，拓展了金属工艺的表现范畴。不锈钢、铝合金等复合材料已经走入人们的生活。现代科技的发展为金属工艺作品走向市场提供了有力的技术保障，新的金属材料和金属加工技术成为艺术家实现理想的物质载体，为现代金属工艺的发展不断开拓新的艺术天地。

下面这几个作品是在清华大学美术学院于 2021 年举办的"熔古·铸今"中国国际当代金属艺术展中展出的中国艺术家的作品，它们既有传统的金属景泰蓝、花丝等工艺，也有对传统金属工艺的创新性表达。"熔古"是创造性转化，"铸今"是创新性发展，呈现出了金属艺术的传统工

图 5.2.1 商后母戊鼎

图 5.2.2 常沙娜《和平鸽大圆盘》

图 5.2.3 熊松涛《繁荣绽放》

艺、文化与当代技术、思想在新的历史语境中的交流融合和创新创造,是金属艺术全领域的文化和思想的碰撞。比如常沙娜的《和平鸽大圆盘》(图 5.2.2),这件作品采用传统的敦煌装饰纹样以及传统的景泰蓝工艺制作而成。除了纯粹继承传统的作品外,还有一些作品在继承传统的基础上做了一些小范围的转变或转换。如熊松涛的《繁荣绽放》(图 5.2.3),虽然也采用了传统题材、传统装饰纹样以及传统的珐琅工艺,但它的釉料和掐丝珐琅等传统工艺不同。首先,釉料由传统的浑浊不透明釉料转变为透明釉料;其次,胎体也不是铜胎,而是选用纯度高达 99.99% 的白银做胎底,工艺发生了较大的转变。

王晓昕的作品《文以铸魂》(图 5.2.4)选取中国传统文化精髓——青瓷意象及梅瓶、玉壶春瓶的经典造型,采用"燕京八绝"之一的景泰蓝

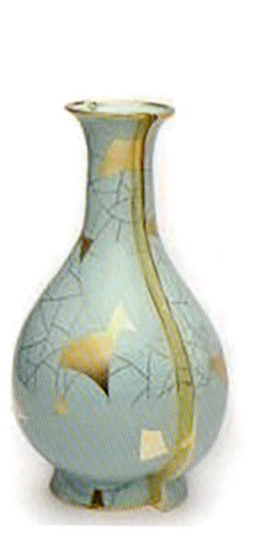

图 5.2.4 王晓昕《文以铸魂》

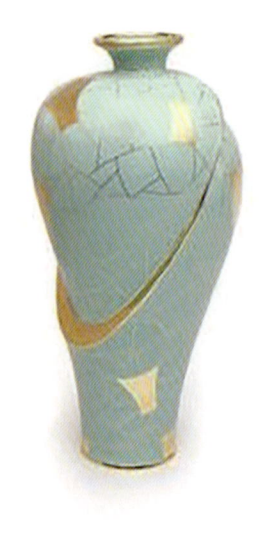

图 5.2.5 原智《螺》

工艺，创造性地加上当代艺术的解构与重塑方式，结合陶瓷开片、修补的效果痕迹，创造性地使古老的工艺品种展示出与以往不同的全新魅力。这一创作旨在表现中华传统文化在新时代的创造性转化与创新性发展，展示古老文明在现代社会与新技术、新工艺碰撞焕发出新的生机与活力。

图 5.2.5 是日本艺术家原智的作品，他在继承传统的基础上又有创新，使用传统的错金银工艺，创造性地发明了鱼子镶嵌技法，使作品产生了与众不同的观赏效果。这些作品都是在继承传统的基础上，创造出一个新的艺术面貌和状态。

另一条展线"铸今"从总体来说就是在当代艺术思潮，比如新工艺、新技术的影响下，用当下人们的思维方式展现纯粹创新的作品。例如大卫·克拉克的《整容》（图 5.2.6）。艺术家把从拍卖会上买的古董银器，通过现代机器进行切割抛光，这种完全现代造物式的批量生产工艺，使作品呈现出非常有特色的面貌。王克震的《管器》（图 5.2.7）把日常生活中常见的通风管道用纯银锻造，通过挤压、拉长、折叠成型，是一个可以根据情况而改变的装置性作品。

图 5.2.6 大卫·克拉克《整容》

图 5.2.7 王克震《管器》

（四）"工"与"艺"的辩证关系

从金属工艺中"工"的层面来讲，这是一个不断发展、不断进步、不断完善的过程，也是在不断总结前人经验的基础上不断变革的过程，具有传承性和发展性。就像商周时期的陶铸法发展到战国时期出现了蜡铸法一样，从加工技术来说，是一个很大的进步，从这里反映了技术的发展具有一种替代性，即先进的加工技术会逐步替代相对落后的加工技术。

再从"艺"的层面来比较商周与战国时期金属工艺的艺术成就，就更能说明这一点。魏晋时期的玄学家王弼曾经说过："天下之物，皆以有为生。有之所始，以无为本。"这是说，天地万物都是有形有名的具体存在物，这些具体存在物得以产生，是由"无"为其根本，万"有"是"无"的外部表现和作用。这个观点恰好说明了金属工艺中"工"与"艺"之间的辩证关系，"有"即是金属工艺中由"工"所创造的具体物质形式，"无"即作品中所蕴含的精神与内容。"以无为本"乃是任何艺术创作中所必须遵循的规律，"有无相生"也是金属工艺作品的生命力所在。

总之，金属工艺作品只有通过"工"与"艺"的完美结合，才能使艺术家的创作思想、艺术风格成为现实，才能被我们解读与领悟，才能让人们感动。只有"工"与"艺"的完美结合，才能创造出具有永恒精神价值的金属工艺作品。